EBS 「건축탐구 집

EBS 「건축탐구 집

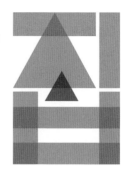

나를 닮은 집 짓기

노은주·임형남 지음

EBS BOOKS

집을 탐구하다

몇 년 전 방송국에 다니는 지인과 건축에 대해 이런저런 이야기를 한 적이 있었다. 대화를 나누던 중 사람의 가장 기본적인 세 가지 욕구인 의식주 중에서 옷에 관한 프로그램과 먹는 방송이 유행했으니, 이제는 집이나 건축에 관한 프로그램이 나와야 할 때라는 이야기가 나왔다. 그때만 해도 건축 관련 방송에 별다른 반응이 없었는데, 때가 무르익었는지 요즘은 집에 관한 프로그램이 많이 늘었고 사람들의 호응도 좋다. 많은 사람들이 관심을 가지는 분야가 되어서 건축을 하는 입장에서는 굉장히 반가운 마음이 든다.

EBS에서 기획하고 제작한 프로그램 〈건축탐구-집〉의 주요 내용은 집을 찾아가서 보는 일이다. 집만 보는 것이 아니라 사람도 만나고, 그 집에 함께 사는 가족의 일상도 잔잔하게 볼 수 있는 프로그램이다.

2019년 어느 이른 봄날에 어떤 분의 전화를 받았다. EBS PD인데 건축 프로그램을 기획하는 중이며 혹시 시간이 되면 만나서 이야기를 좀 나눌 수 있겠냐고 했다. 약속한 날, 사무실에 PD와 작가 여러 분이 함께 방문해서 방향을 잡기 위한 조언을 해달라고 했다.

그런 훈수란 별다른 책임도 없고 구체적인 평가를 하는 것이 아닌지라 맘 편하게 지금 생각하면 별 쓸모도 없는 이야기들을 늘어놓았다. 한참 들어보더니 이왕이면 출연을 하시면 어떻겠냐고 물어왔다. 처음에 13편 정도 기획하였고, 건축 프로그램에 관한 일반인들의 관심이 그리 크지 않은 것 같아 별 부담 없이 응했다.

그런데 그게 점점 늘어나서 방송에 참여한 지 벌써 3년째로 접어들었다. 보는 사람이 많아지고 평가도 좋은 편인지 시즌을 거듭하며 계속 방송하고 있다. 새로 지어진 지 얼마 안 된 집부터 오래되어 낡은 집을 고쳐 쓰는 집, 수백 년 된 한옥 등등 여러 가지 구조와 형태의 집들이 그곳에 사는 다양한 분들의 일상과 함께 나온다.

우리는 건축가라는 전문가의 자격으로 함께하고 있다. 방송을 보는 것은 어릴 적부터 지금까지 늘 해와서 친근하고 익숙한 일이지만, 방송을 만드는 과정은 2년 넘게 옆에서 지켜보아도 익숙하지 않고 어색하기만 하다. 한 시간이 채 안 되는 방송을 위해 몇 주 동안 무척 많은 전문 인력이 투입되고, 우리도 하루 종일 집을 둘러보고 머물다가 온다.

처음 간 집은 '운조루'라는 전남 구례의 큰 고택이었다. 86세의 종부님이 그 넓고 큰 집을 거의 혼자 다 관리하고 지키시는데 그분에게 집이란 남다른 의미였던 것 같았다. 그분에게 집은 또 다른 가족이자 집안의 어른이었고, 안식처이자 살아온 삶의 시간과 기억이 담긴 곳이었다. 단지 집을 소개하고 건축에 지식을 덧붙인다는 마음으로 찾아갔지만, 그 순간 예상치 못한 감동이 밀려왔다.

집은 주인을 닮고, 그 동네를 담고, 우리 시대를 비추는 거울과 같다. 아주 작은 땅을 구해서 방을 쌓아올려 지은 집은 젊은 부부에게 몸에 딱 맞춘 옷과 같고, 인생의 방향을 바꾼 사람들이 도시의 생활을 정리하고 찾아낸 땅에 지은 집은 새로운 삶의 터전이자 의지할 동료가 된다. 집이라는 것의 의미는 그렇게 한없이 확장된다. 그럴 때 집이란 단순히 비막고 바람 막고 햇빛 가리는 역할을 하는 것이 아니라 피가 돌고 숨을 쉬는 생명체 같다는 생각이 든다.

가끔 사람들이 "왜 전문가라는 사람이 가서 좋은 이야기만 하고 오느냐, 보다 전문적인 식견이나 문제점을 예리하게 지적해야 하는 것이 아닌가?" 하고 물어오기도 한다. 처음에는 나름대로 비판적인 시선을 가지고 들여다보려고 간다. 그러나 그곳에 가서 집주인을 만나고 집을 보면 생각이 달라진다. 땅을 만나고 집을 지은 이야기와 이후 가족의 생활이 얼마나 좋아졌는지, 얼마나 큰 변화가 왔는지 하는 이야기를 듣고 있다 보면, 집이 점점 멋있어지고 점점 좋아진다. 집의 의미가 확장되고 감동이 커지는 것이다.

집이라는 것은 그냥 물리적이고 공학적인 기술의 산물이나 재료의 집적이 아니라, 사람의 인생을 담고 의미를 집어넣은 존재이다. 어떤 사람의 인생을 바라보며, 자신의 방식으로 잘 살고 있는데 누가 그를 보고 잘 살고 있다, 못 살고 있다 하며 평가할 수 있을까. 집도 그렇다고 생각한다. 누구나 자신만의 인생을 살듯이 누구나 자신만의 집을 짓고 자신만의 삶을 사는 것이다.

우리가 하는 일은 집을 짓는 일이고, 취미도 집을 보는 것이다. 사무실에서 집을 그리다가 시간이 나면 차를 타고 달려서 우리나라 옛집들을 구경하고 돌아온다. 뜻밖에 시작된 '요즘 집' 구경도 언제까지 이어질지 모르지만, 자기만의 집에서 행복한 사람들을 만나는 일은 건축가라는 직업이 주는 색다른 즐거움인 것 같다. 말하자면 우리의 인생은 집으로 가득 차 있다.

'무자식이 상팔자'라는 옛말이 있다. 그 말은 예전에 자식을 포도송이처럼 주렁주렁 달고 살 때, 자식 수만큼의 걱정거리가 생긴다는 그런 말이다. 그런데 요즘은 무주택이 상팔자인 것 같다. 집값이 오를까 내릴까. 비는 새지 않을까. 집에 대한 걱정이 끊일 날 없기 때문이다.

사무실로 집을 짓고 싶다고 찾아오는 사람들 중 '집 지을 때 10년은 늙는다더라'는 말을 들었다며 걱정과 번뇌를 함께 안고 오는 분들이 있다. 정말 집을 짓는다는 것은 쉽지 않은 일이다. 어찌 보면 그 말은 집을 지으려면 마음을 단단히 먹고 시작하라는 경고인 셈이다.

사람이 태어나서 자신의 집을 짓는 일은 어찌 보면 끼니때가 되면 밥을 먹고 겨울이 오면 외투를 꺼내 입는 것처럼 아주 자연스러운 일이고 당연한 일이다. 그러나 21세기, 한국이라는 나라에서 집을 짓는 일은 아주 용감해야 하고 조금은 무모해야 할 수 있는 일이 되어버렸다.

그 일은, 그냥 놓아두면 화수분처럼 무럭무럭 자라서 재산을 늘려주는 아파트를 포기해야 하는 일이고, 아이들의 학원과 주변의 편의 시설과 이별해야 하는 일이며, 하수도가 막히거나 전등이 안 켜질 때 전화를 걸어 고쳐달라고 이야기할 곳이 없어지는 일이다. 그런 수고로움이나 경제적인 문제는 충분히 감당하겠다고 마음먹고 실행할 수 있다고 결심하면, 일단 첫 번째 관문은 통과한 셈이다.

그다음에 통과해야 하는 문은 어디서 듣고 몰려오는지 알 수 없는 무수한 훈수꾼들의 간섭이다. 일단 '왜 아파트를 포기하고 굳이 집을 지으려고 하느냐?'고 물어보는 근원적인 질문부터 시작해서, 하필이면 그런 동네로 들어가느냐고 묻는 지리학적인 질문들이 있다. 그보다 훨씬 가짓수가 많고 빈도도 잦은 것은 집을 짓는 공사에 대해 온갖 분야를 아우르는 각론적인 충고들인데, 그 배경은 이렇게 해서 낭패를 봤다는 자신만의 특수한 경험을 일반화한 지식들이다. 이렇게 지어라 저렇게 지어라, 창문은 어떤 제품을 써야 한다, 그 싱크대를 쓰면 반드시 후회하고 삼대에 걸쳐서 고생하리라 등등. 마치 선지자처럼, 아주 확신에 가득 찬 사람들이 시원하게 퍼부어주는 (원하지도 않는) 조언의 소나기를 흠뻑 뒤집어써야 한다. 정말 어려운 문제다.

그런 경험은 살아오면서 예전에 겪었던 일들과 겹친다. 많은 사람들이 아이를 낳아 키울 때 겪는 일들이기도 한데, 한번은 아이를 포대기에 싸매고 외출한 적이 있었다. 지나가던 동네 아주머니(평소에 인사도 나눈 적이 없는)가 다가오더니 그렇게 싸매면 아이가 약해지고 어쩌고 하기에 감사의 인사를 드리고 한 겹을 벗겼다. 그리고 지하철을 탔는데 이번에도 초면의 부인이 다가와서 아이를 그렇게 홑겹으로 싸고 다니면 감기 걸린다고 친절하게 조언해주었다. 그날 하루 우리 아이는 여러 번 옷을 입었다 벗었다 반복해야만 했다.

그뿐 아니다. 아이가 걷고 말을 하기 시작하면 학원을 왜 보내지 않느냐, 영어는 언제 가르칠 것이냐로 옮겨가고, 그렇게 잔소리 속에서 아이를 키워서 대학을 졸업시키면 결혼은 언제 시키려고 내버려두느냐, 결혼을 시키면 아이가 왜 없냐……. 정말 잔소리의 사슬은 끝나지 않는다.

집을 지을 때도 바로 정확히 그런 일이 반복된다. 그래서 집을 지을 때 아무에게도 알리지 않고 마치 독립운동하듯 몰래몰래 집을 짓는 사람도 본 적이 있다.

어쨌든 힘겹게 두 번째 관문을 통과하면 마지막 관문이 남아 있다. 그건 바로 자기 자신이라는 참으로 알 수 없는 상대를 만나는 일이다. 정확하게 이야기하면 자신이 가진 욕망과 맞닥뜨리는 일이다. 집을 짓는 일을 준비하면서 많은 욕망들이 내 안에서 일어나 크게 소리를 지른다. 이런 방, 이런 부엌, 이런 마당, 이런 가구 등등 수많은 욕망들이 작은 통로로 갑자기 몰려든 인파처럼 엉킨 채 빠져나오지 못하고 아우성을 지른다. 그걸 정연하게 엮어야 되는데 정말 어렵다.

집을 짓고 살겠다는 욕망에는 자기완성이라는 의미도 포함되어 있다. 우리는 남의 이야기에는 쉽게 귀를 기울이면서, 정작 자기 자신을 가장 잘 모른다. 나를 괴롭히는 내 안의 욕망을 똑바로 들여다보고 그 실체와 마주하고 인정해야 마지막 관문을 통과할 수 있다. 그 과정을 거치면 세상 어디에도 없는 나만의 집을 만날 수 있다. 이럴 때 건축가는 관문을 같이 통과하며 욕망들을 순서대로 출구로 나오게 하는 일을 돕는 사람이다.

얼마 전 설계했던 집의 건축주로부터 "집을 짓는 일이 즐겁고 마치 행복한 여행 같았다"라는 인사가 담긴 편지를 받았다. 그 편지를 읽고 우리도 덩달아 행복해졌다. 당장 집을 짓지 않더라도, 언젠가 지을 나의 집을 꿈꾸는 일은 나의 내면을 만나고, 좋은 땅을 그리고, 함께할 누군가와 즐겁게 수다를 떨며 다녀오는 여행과도 같다는 생각이 든다. 이 책이 그런 여행에 소소한 길잡이가 되어주기를 바란다.

2021년 봄날

노은주, 임형남

chapter

2

기초
탐구

5 chapter

재료
탐구

chapter

나 탐구

1

좋은 집에
살고 싶다

집으로 돌아가는 길

좋은 집이란 과연 어떤 집일까. 비싼 집, 큰 집, 교통이 편한 집, 직장에서 가까운 집……. 사람들마다 기준이 다를 것이다. 나는 추억이 들어 있고 기억이 묻어 있는 집, 내가 언제든 돌아갈 수 있는 가족이 머무는 집이 정말 좋은 집, 진짜 집이라고 생각한다. 건축을 공부하기도 전에 보았던 어떤 집이 떠오른다. 선배가 살던 하숙집인데, 그 집을 본 뒤 오랜 시간이 지났고, 건축을 공부하고 건축가가 되어 많은 집을 보고 지었지만 여전히 내가 첫손에 꼽는 좋은 집으로 마음 깊이 남아 있다.

선배가 이사를 도와달라고 부탁해서 그 집에 간 건 추운 겨울이었다. 짐을 빼러 삐걱거리는 낡은 계단을 따라 올라가니 주인집이 먼저 나왔는데, 학생들에게 방마다 하숙을 주었지만 집 안은 가족들만의 온기가 가득했다. 긴 복도가 있었고, 벽에 엽서나 공책 크기부터 스케치북만한 크기까지 다양한 그림들이 빼곡하게 붙어 있었다. 작가의 작품도 그럴듯한 그림도 아닌 가족들이 손수 그렸을 법한 어눌한 그림들이었다.

잠시 할 일을 잊고 나는 아주 천천히 그것들을 바라봤다. 흐름을 잠시 멈추고 남겨진 시간의 흔적들. 시선이 복도 끝에 다다랐을 때 반질반질하게 손질된 낡은 소파에 앉아 있는 허름한 차림새의 주인아저씨가 보였다. 어느 것 하나 반짝이는 것 없던 낡고 오래된 집이었지만 나는 지금도 가끔 햇살이 좋은 날, 사람들이 일과를 마치고 집으로 돌아가는 오후가 되면 문득 그 집을 떠올리곤 한다. 따뜻한 온기가 넘쳤던 집, 가족들의 손때 묻은 추억이 켜켜이 쌓여 있던 집, '집'이라는 단어에 가장 어울리던 집.

그때의 선명한 기억이 나에게 좋은 집에 대한 가치관을 정해주었다. 아이들이 자란 흔적이 남아 있고, 시절마다 같은 듯 다른 풍경이 펼쳐지고, 외출했다 들어오면 온몸을 감싸는 익숙한 집 냄새가 있는 그런 집 말이다.

〈건축탐구-집〉을 촬영하며 또 다른 좋은 집들을 많이 만났다. 집집마다 자기들만의 색이 있었다. 가족이 있으면 있는 대로, 혼자 살면 그런대로 보편이라는 굴레에 매이지 않은 집들이었다. 실체가 없는 막연한 바람이 아니라 어떻게 살고 싶다는 구체적 꿈을 이룬 사람들의 집은 과연 달랐다. 모든 집에는 사연이 있었고 무엇보다 중심에 사람이 있었다. 방송에 소개된 대부분의 집들은 어떤 작위나 허세 없이 삶에 대한 애정을 가지고 하루하루를 충실하게 살아가는 집주인의 생각이 공간에 잘 깃들어 있었다. 간혹 보이는 재료나 동선 등의 작은 허점들은 당장 해결 가능한 사소한 문제일 뿐이었다.

사람의 일생이란 거창한 사건보다는 매일의 일상이 쌓여 만드는 것이라고 생각한다. 아무 일 없이 무료하게 시간이 지나가는 것처럼 보이지만 그 안에 저마다의 우주가 담겨 있다. 〈건축탐구-집〉 촬영을 통해 찾아간 집 하나하나마다 그 집에 사는 사람들의 인생과 가족의 역사가 오롯이 쌓여 있었다.

문경새재로 유명한 경북 문경의 아담한 마을에서 '2자집'의 가족들과 만나고 큰 감동을 받았다. 그 집은 2층에서 이어 내려온 벽의 모양이 마치 숫자 2의 모양 같아서 동네에서 2자집이라고 불린다. 2자집에는 터울이 많이 지는 누나와 동생과 아빠, 그리고 타지에서 일해 주말에만 집에 오는 엄마가 함께 산다. 엄마와 아빠가 아이들이 어렸을 때부터 주말부부 생활을 해서 한동안 아이들의 할머니 댁에서 할머니와 함께 살았다. 그러다 몇 해 전 분가를 하게 됐고 다들 이왕이면 할머니 댁 근처에 있고 싶어 했다. 처음엔 새집을 짓고 할머니와 함께 살 생각이었지만 할머니께서 혼자가 편하다며 극구 사양해서 바로 옆에 집을 짓게 되었다고 한다. 다른 땅을 찾아볼 수도 있었지만 아이들의 아빠는 나고 자란 그곳이 좋았고 어머니 곁을 떠나고 싶지도 않았다. 그렇게 한 울타리 안에 아빠가 태어나고 자란 옛집과 새 집이 나란히 놓이게 되고 가족의 역사가 이어졌다.

집의 모양새는 삐뚜름했다. 반듯하지 않은 삼각형 땅에 집을 지어야 했기 때문이다. 땅 모양이 반듯하지 않아 설계가 쉽지 않았다고 하는데, 오히려 자투리땅 덕분에 독특하고 재미있는 공간들이 탄생했다. 그중에서도 마당과 연결되는 필로티(1층을 빈 공간으로 띄우고 2층부터 짓는 형태) 공간은 한옥의 들마루처럼 활용되는 집의 백미였다. 대문과 연결되며 할머니 집과 맞붙은 쪽에 놓인 마루는 집 안과 밖을 연결하는 통로일 뿐아니라, 오며 가며 할머니와 만나는 만남의 장소였고 온 가족이 모이는 주말 저녁을 함께 즐기는 근사한 야외 공간이 되기도 했다.

들마루 외에도 거실에서 마당으로 연결되는 부분에는 쪽마루를 놓는 등 한옥의 건축적 어휘를 자연스럽게 적용했다. 특히 계단의 활용이 인상적이었는데, 일반적인 치수보다 폭을 넓혀 책꽂이를 만들고 중간중간 앉을 수 있도록 해서 단순히 이동을 위한 장소가 아니라 움직이는 서재가 되었다. 아이들이 밝게 자랄 수 있는 환경을 만들어주고 싶었다는 엄마의 바람대로 집 안은 빛이 환하게 들고 필로티 아래 자연스럽게 바람 길이 생겨 환기도 잘되고 있었다.

무엇보다 그 집을 돋보이게 해준 건 그곳에 살고 있는 사람들이었

경북 문경의 2자집. 부정형 자투리땅 덕분에
독특하고 재미있는 공간들이 탄생했다.
마당과 연결되는 필로티 공간은 집 안과
밖을 연결하는 통로이며, 할머니와 가족들이
만나는 만남의 장소이기도 하다.
설계 리슈건축.

다. 엄마가 오는 금요일 아침이면 아이들과 아빠는 집을 깨끗이 청소하고 빨래와 설거지 등 살림을 정리하느라 분주했다. 일주일 동안 일하느라 고단했을 엄마가 집에 도착해 편히 쉬었으면 하는 바람으로 할 일을 하는 아이들과 아빠의 얼굴도, 돌아온 엄마의 표정도 환하게 빛났다. 살고 있는 사람들의 표정이 밝으니 집도 덩달아 더 훤칠한 느낌이었다. 2자집은 가족의 사랑을 듬뿍 받고 있었다. 가족끼리 각자의 방에서 나오지 않고 서먹하게 지내는 수많은 아파트 속의 익숙한 풍경이 아니라, 집이란 결국 가족이 하나의 지붕 아래 모이는 장소라는 걸 새삼 깨닫게 해주는 가족의 삶이 가득 찬 집의 모습이 참 보기 좋았다.

행복이란 때와 시간을 정해놓고 찾아오는 계획된 미래가 아니라 만족을 느끼고 기쁨을 느끼는 예기치 못했던 순간순간마다 찾아온다는 걸 다시금 깨닫게 해주었다.

피곤한 하루를 마감하고 집의 현관을 여는 순간 코끝에 훅 다가오는 따뜻한 집의 냄새와 온기와 익숙한 목소리로 안기는 가족의 체온과 웃음, 그런 것들이 존재하는 집. 외출을 다녀온 할머니가 들마루에 아이들의 먹을거리를 놓고 가시고, 아이들은 수시로 할머니를 찾아가 말동무를 하고, 주말에 온 아내가 아이들과 시간을 흠뻑 보내도록 저녁을 짓는 아빠가 있는 집. 세월이 흘러 아이들에게 물리적인 집만이 아닌 추억과 기억을 함께 물려줄 수 있는 집. 우리가 늘 그리워하는 '사람이 사는 따뜻한 집'이 거기 있었다. 〈건축탐구-집〉 시즌 3 '25화 시골집, 삼대의 시간을 잇다'

가족과 사는 곳이 고향이 되다

태어나고 자란 고향에서 계속 살고 있는 가족을 보면 부럽다. 대부분의 사람들이 그렇듯 나도 고향 집을 떠나 수없이 집을 옮기며 살았다. 내가 태어나 어린 시절을 보낸 동네는 지금의 을지로3가 지하철역 바로 옆이다. 나는 종종 고향을 잃은 실향민이라고 이야기하곤 하는데, 산업화의 중심지였다가 결국 개발을 앞둔 그 동네는 이미 오래전부터 사람들이 거주하지 않기 때문이다.

어느 나라보다 빠르게 변해온 대한민국에서 자신이 나고 자란 고향에서 계속 사는 건 쉽지 않은 일이다. 그렇다면 다시 고향을 만드는 것, 끌리는 곳에 터를 잡고 긴 시간 그 땅과 어울려 살아가는 것도 하나의 방법이다. 간혹 누군가가 어디서 살고 싶으냐고 물어보면 나는 정서적 연속성이 있는 동네가 좋다고 대답한다. 가령 세상의 모든 평화가 깃들어 있는 듯한 천년 고도 경주 같은 곳에 집을 한 채 지어 살고 싶다.

22년째 집을 짓고 있는 김명진 씨와 곽은숙 씨 부부에게는 강원도 원주 치악산 자락이 그런 곳이다. 결혼하고 얼마 되지 않아 귀촌하기로 마음먹고 이곳저곳을 다니다가 고향도 아니고 연고도 없는, 지금 살고 있는 곳에 당도했는데 마음이 편안해졌다. 부부는 화전민이 살던 집 한 채를 고쳐 살다가 바로 옆에 아담한 황토 집을 지었다. 원래 있던 집을 손보고 늘리고 다듬다가 그 옆에 단칸짜리 황토 집을 지으며 22년이 흘렀다. 마당도 가꾸고 담장도 조금씩 쌓아가고……. 집을 짓는 일은 앞으로도 계속 이어질 것이라고 했다. 내가 사는 곳을 나에게 맞게 손보는 일은 끝이 없다는 걸 보여주는 집이었다.

　　새로 지은 황토 집에는 가족의 손길이 고스란히 담겨 있다. 흙벽에 초배 없이 끓인 우뭇가사리를 바르고, 바닥에는 장판 없이 흙 위에 그대로 콩댐(불린 콩을 갈아서 들기름에 섞어 바르는 일)질을 해 윤을 냈다. 남편의 고향 동네에서 얻어온 돌너와를 얹어 지붕을 만들고 지붕의 맨 위는 흙을 30센티미터 덮고 '개부처손'이라는 야생초를 심었다. 겨울에는 갈색으로 변했다가 봄이 되면 다시 연둣빛으로 환해지는 개부처손 덕분에 지붕의 색깔이 계절마다 바뀐다.

　　출입문은 나무 문살에 창호지를 붙인 한옥 문을 달았는데, 봄이 되어 따뜻한 기운이 감돌기 시작하면 겨우내 바람에 시달려 해진 창호지를 벗겨내고 들꽃을 한 송이씩 붙여 새 창호지로 단장을 했다. 집을 돌보는 모든 과정에 일일이 하나하나 손이 가야 했지만 부부와 아이들은 기껍고 즐겁게 해내고 있었다. 학교나 직장에서 딸들이 돌아오면 자연스레 단칸 황토 집에 네 식구가 나란히 누워 도란도란 이야기를 나누다 스륵 잠이 든다. 사람들은 다 자란 아이들과 어떻게 한방에서 다 같이 자느냐며 불편하지 않느냐고 하지만, 가족들은 흙냄새, 콩 냄새, 가족들이 쌓아온 시간의 냄새가 감도는 그 방에서의 잠자리가 가장 편안하고 행복하다고 한다.

　　황토 집을 짓기 전 가족들이 모여 살던 본채에는 몇 번의 실패 끝에 성공했다는 흙벽난로가 온기를 내뿜었고, 부인이 직접 키워 말린 꽃차를 내오셨다. 부부는 내 가족을 제일 잘 아는 건 우리니까 우리가 짓는 게 맞다고 생각했다고 한다. 새것보다는 이미 오래 쓰였던, 손때가 묻은 것들에 마음이 가서 어딘가에 서까래며 지붕이며 건축 재료가 나온다는 소식을 들으면 한달음에 달려갔다. 지금도 좋아할 만한 자재나 나무가 니

원주 치악산 자락에 지은 황토 집. 돌너와를 얹어
지붕을 만들고 지붕의 맨 위는 흙을 덮어 야생초를 심었다.
계절이 바뀔 때마다 지붕은 흙빛에서 연둣빛으로,
때로는 꽃밭이 되며 모습을 달리했다.

오면 지인들이 바로 연락해주곤 한다.

그런 이야기들을 하나하나 듣다 보니, 처음 도착해서는 작고 아담한 집이구나 했던 집이 점점 커져갔다. 가족의 추억이 쌓이고, 가족들이 언제든 돌아갈 수 있는 안식처가 되는 집, 늘 내가 갖고 싶던 집의 원형을 그곳에서 발견했다. 🎬 〈건축탐구-집〉 시즌 3 '1화 22년 동안 지은 집'

이렇듯 집이란 비용으로 환산할 수 없는 정서적 가치가 있다. 그러나 여전히 집은 부동산이라는 경제적 가치가 최고라 여기는 것이 현실이다. 바람을 막고 비를 피하며 가족이 즐겁게 살면 되는 것이 집인데, 남과 늘 비교를 해야 하니 점점 과시하게 되고 비대해진다. 집이 재산 증식의 도구라는 공식에서 벗어나면, 집과 공간에 대해 생각할 수 있는 가능성들이 한없이 많아진다.

우리가 모두 각자 다른 모습으로 태어나 다른 삶을 살아가듯, 우리가 살아갈 집도 이왕이면 삶의 희로애락을 나눌 수 있는 각기 다른 모습이었으면 좋겠다. 추억이 들어 있는 집, 기억이 묻어 있는 집, 언제든 돌아갈 수 있는 집, 가족이 함께 머무는 집이 정말 좋은 집이다. 집은 사람이 사는 물리적인 공간만을 의미하는 것이 아니라 인간이 살아온 역사의 한 부분이다. 이름을 불러주었을 때 비로소 꽃이 되는 것처럼 사람의 삶이 들어가야 집이 완성된다.

내 집을 짓겠다는 건 삶을 새로 설계하겠다는 것과 같다. 남이 만들어놓은 네모반듯한 아파트에서 벗어나 내가 만든 세상에 진입하는 것, 그것이 바로 집 짓기의 시작이다.

2

나도 집을
지을 수 있을까

나는 누구인가
(건축주가 되기 위한 체크리스트)

천편일률적인 주거 형태를 벗어나고 싶어 집을 짓고는 싶지만 자신이 없을 땐 다른 것보다 자기 성향을 잘 돌아보고 판단하는 게 좋다. 과연 내가 건축주가 되어 집을 지을 수 있을지 진단해볼 수 있는 질문들을 스스로에게 던져보자.

● 나는 대범한가 완벽주의자인가

자신이 평소 사소한 일에 스트레스를 많이 받는 성격이라면 집 짓는 일에는 신중하게 접근하는 것이 좋다. 벽에 생긴 실금 하나라도 거슬리고 용납이 잘되지 않는 완벽주의 성향이라면 공사 과정에서 벌어지는 다양한 해프닝에 마음을 많이 상할 수 있다. 그럴 때는 아파트처럼 보편적인 과정으로 완성된 집에 들어가 사는 편이 낫다. 문제가 생기면 책임의 소재를 물을 대상이 시공사나 관리 사무소 등 나름 분명하고, 문제를 공동으로 대응할 만한 이웃들도 있기 때문이다.

● 나는 오래 기다릴 수 있는가

집을 짓는다는 건 굉장히 많은 선택 앞에 놓이는 사건이고 그 선택은 대부분 스스로 책임져야 하는 일이다. 완성하는 과정에 워낙 여럿이 함께 개입하니 변수도 많고 완벽하기가 쉽지 않다. 집을 설계하고 시공하는 과정은 짧게는 몇 달, 길게는 몇 년도 걸린다. 이미 지어진 집을 사고팔고 이사를 하는 일도 쉽지 않고 고단한데, 그런 기나긴 여정의 시간을 헤쳐 나가려면 사소한 문제는 적당히 넘어가기도 하는 인내가 필요하다.

● 가족들이 집 짓기에 동의하는가

집을 짓는 과정은 일종의 여행과도 같다. 누군가는 낯선 곳으로 떠나는 것 자체가 행복하고 즐겁지만 또 누군가는 그 자체로 스트레스다. 저마다 가고 싶은 곳이 다르고 하고 싶은 일이 다르듯 집 짓기도 마찬가지다. 누구는 집을 짓는 일이 즐겁고 행복해 자아실현까지 이루지만 또 누군가는 하나부터 열까지 참기 힘들고 화가 나는 일이기도 하다. 만약 가족들이 그런 과정의 고단함을 함께 견딜 수 있다고 생각되면 도전해볼 가치가 있지만, 아무래도 그 과정을 견디기 힘들 것 같다면 다시 생각해보는 게 좋다. 여행은 충동적으로 떠났다 돌아올 수 있지만 집은 충동구매가 불가능하다. 충동적으로 일을 벌였다가 감당하기 힘들어진다면 집을 짓는 의미는 시작도 하기 전에 퇴색될 수 있다.

● 남들과 다르게 살기를 바라는가

자신과 가족들의 성향을 잘 살펴보고 집을 지어도 된다는 확신이 섰다면 남들의 이야기보다 나의 내면에 좀 더 귀를 기울이자. 집은 이래야 한다는 고정관념을 털어내고, 오롯이 나와 가족의 일상에 귀 기울여 집중하면 정말 원하는 것이 보인다. 남이 말린다고 금방 마음이 움직여서 '그래, 다들 그렇게 하는 데는 이유가 있는 거겠지'라고 수긍해버리면 애초의 생각에서 점점 멀어진다. 남들과 다르게 살아보겠다 마음먹고 이왕 집을 짓기로 했는데, 여전히 남의 평판에 신경 쓰고, 표준적인 매뉴얼대로 살게 된다면 군이 집을 짓기 위해 공을 들일 필요가 없을 것이다.

● 주변의 간섭에서 벗어날 수 있는가

어떨 땐 넘쳐나는 정보도 독이 된다. 새로운 시도를 하면 큰일 날 것처럼 떠들지만 그렇지 않다. 건축을 한다는 건 생각을 구현하는 매력적인 일이다. 내가 원하는 걸 고민하고 고안하고 현실에 접목시켜 실현하기에 고생도 즐거운 과정이 될 수 있다.

집은 남의 생각이 아닌 내 생각을 담아야 한다. 원하는 걸 꺼내서 차근차근 정리하다 보면 어디에도 없는 나에게 꼭 맞는 집이 지어진다. 집을 설계하면서 처음의 생각과 머릿속에 떠올렸던 그림이 하나하나 실현되는 과정에서 행복해했던 건축주들이, 막상 집 공사에 들어가자 주변의 참견과 간섭과 조언들로 인해 흔들리는 경우를 많이 본다. 내가 '지어봤더니, 살아봤더니' 하며 경험담을 늘어놓는 사공들로 인해 갑자기 선택했던 자재에 의심이 생기고 창의 크기가 커졌다 작아졌다 하고, 난방 방식이 바뀌기도 한다. 점점 집은 산으로 올라가고 다 끝나고 보면 나의 생각으로 지은 집도 아니고 남의 생각으로 지은 집도 아닌 어정쩡한 집이 되어버린다. 남의 몸에 맞게 재단된 옷에 내 몸을 맞춘 꼴이 되는 것이다.

● 처음의 생각을 지켜나갈 수 있는가

주변의 조언은 적당히 알아서 새기고 필요한 것만 취하면 된다. 우리는 살면서 내 일에 지나치게 참견하는 '사공'들을 만난다. 이렇게 생활해라, 이렇게 아이를 키워라, 이렇게 집을 꾸며라, 이런저런 조언과 충고를 듣는다. 그럴 때 나만의 철학이 있고 우리 가족이 생각하는 가치가 있다면, 적당히 맞는 정보는 취하고 나머지는 접어두면 된다. 틀에 맞춰 살아가도록 유도하는 분위기에 휩쓸려가다 보면, 빠르게 지나는 유행을 따라가기도 버겁고, 진짜 내 욕망이 뭔지도 모른 채 살게 된다.

세상에서 가장 힘든 일이 자신을 들여다보는 일이다. 우리는 자기 자신을 모르는 채 살아가기 쉽다. 이미지가 지배하는 세상에서 자신의 감각을 잃어버린 채 착각과 오해 속에 점철돼 그것이 진실이라 믿어버릴 때가 많다.

● 유행에 민감한가 둔감한가

집에도 유행이 있고 해마다 새로운 제품이 많이 나온다. 봄마다 대규모 주택 전시회가 열리면 전문가들도 많이 보러 가지만 일반인들의 참여도가 무척 높다고 한다. 거기다 그때그때 '북유럽 스타일', '젠 스타일'처럼 유행하는 인테리어 스타일이 있으면 비슷비슷한 분위기로 집을 꾸며 사진을 올리는 사람들도 많다. 요즘 인터넷을 통해 수집하는 정보가 과하다 싶을 정도로 넘쳐나다 보니, 우리나라 사람들 중에 많다는 '얼리어답터(early adopter, 신제품을 가장 먼저 사서 써보고 주변에 평가를 알려주는 사람을 이르는 말)'의 기질이 집에도 적용되는 것 같다.

그런데 유명인이 입은 옷이나 장신구를 따라 하거나 광고 등을 통해 알려진 가전제품이나 가구 등은 유행이 지나면 버리거나 바꾸면 되지만 집은 그게 쉽지 않다. 게다가 우리나라처럼 사계절의 기후 차이가 심한 나라에서 새로운 제품이라고 해서 나오자마자 적용하는 건 무척 조심스러운 일이다. 본인이 유행에 민감한 스타일이라고 해도 집 짓기에 대한 계획을 세울 때도 유행하는 재료, 공법이나 인테리어까지 남들보다 앞서갈 필요는 없다.

● 나는 나에게 솔직한가

집은 나의 가치관, 세계관, 욕망과 취향의 집합체다. 그러므로 가장 좋은 집은 '나에게 솔직한 집'이다. 침실이 없어도 되고 거실 없이 방만 있어도 괜찮다. 주방이 두세 개여도, 주방보다 욕실이 더 넓어도, 집은 5평인데 마당은 200평이라도 좋다. 그 안에서 더 원하는 게 없다면 그걸로 성공이다. 스스로에게 절대적으로 좋은 집은 무언가를 더하고자 하는 욕망이 사라지는 집이다. 입는 것만으로 편안하고 돋보여서 다른 액세서리를 걸치지 않아도 충분한 옷이 있다. 집도 마찬가지다.

● 조금 부족해도 참을 수 있는가

집을 몇 달 만에 지었다는 사람도 간혹 있기는 하지만, 대부분 설계에서 공사까지 거의 1년이 넘게 혹은 그 이상 걸리기 마련이다. 드디어 새집에 이사했는데 혹 문제가 발견되면 무척 상심하게 된다. 마루가 패어 있다든가 칠이 벗겨 있다든가 물이 잘 안 나온다든가 전등이 하나 안 켜진다든가. 물론 입주 전에 청소도 하고 모든 점검을 마치지만 공사의 단계가 워낙 여러 종류이고 다양한 사람이 참여하다 보니, 공장에서 매뉴얼에 맞춰 생산하는 제품들처럼 거의 완벽하게 나오기를 기대하기는 좀 어렵다.

정말로 부실공사가 되거나 큰 문제인 경우도 있겠지만 작동을 잘못하거나 생활 습관의 차이로 생기거나 하는, 대부분 시공사와 협의하여 금세 해결할 수 있는 문제일 때가 많다. 그럴 때 건축가나 시공사와 함께 상의하며 '해결 방법을 곧 찾을 수 있겠지'라고 긍정적으로 생각하는 여유가 필요하다. 그래서 보통 시공사와 계약할 때 집 지은 후 2년 정도를 보수 기간으로 정한다. 그럴 때 조금 부족한 점이 보이더라도 참을 수 있는 마음의 여유가 내게 있는지 돌아보자.

• 나만의 버킷리스트가 있는가

집 지을 준비를 하루아침에 하는 사람은 없다. 대부분 몇 년, 길게는 10여 년 이상 시간을 두고 기다렸다고들 한다. 그때 땅을 사고 비용을 마련하는 실제적인 준비도 필요하지만, 나만의 집을 짓기 위한 버킷리스트를 적어보는 것도 중요하다.

어떤 분은 스스로에게 맞는 집을 짓고 살아보니 쓰레기 버리러 가는 일도 즐겁다고 했다. 그 건축주는 집을 짓기 전 도시의 아파트에 살았다. 어느 날 일을 마치고 집으로 돌아가는데 자신의 아파트에 불 켜진 집집마다 같은 쪽 벽에 텔레비전을 놓고 같은 방향을 바라보는 모습에 새삼 놀랐다고 한다. 하나의 커다란 건물 안 수백 명의 사람이 텔레비전과 침대를 똑같은 방향으로 놓고 별다르지 않게 사는 모습을 목도하는 순간 아무렇지 않던 일상이 답답해졌다. 그날 이후 나만의 것을 찾아야겠다고 생각해 아파트를 처분하고 집을 짓기로 했다. 그리고 주인과 꼭 닮은 집을 지었다.

넓고 높은 거실에는 텔레비전과 소파 대신 정원을 바라보며 혼자 사색하는 책상이 있다. 싱크대 장인 줄 알고 열었는데 비밀의 방이 나오고, 아기자기한 의외의 공간이 곳곳에 숨어 있고, 오르락내리락 계단도 예사롭지 않은 집이다. 좋아하는 음악을 마음껏 들을 수 있는 음악실을 만드느라 현관을 2층 높이의 마당에서 들어가도록 한 동선도 예사롭지 않다. 언뜻 무표정해 보이지만 웃는 모습이 예쁜 건축주를 그대로 닮아 겉은 답답하지만 내부는 표정이 풍부한 집이었다. 〈건축탐구-집〉 시즌 3, '31화 땅속 비밀의 집'

브리지로 연결된 특이한 집. 계단을 따라오르면
널찍한 마당이 나온다. 좋아하는 음악을 마음껏
들을 수 있는 음악실(오른쪽)을 만드느라 현관을
2층 높이의 마당에서 들어가도록 했다. 넓고
확 트인 거실에는 텔레비전과 소파 대신 정원을
바라보며 혼자 사색할 수 있는 책상이 있다.
설계 걸리버하우스.

어떤 사람들이 집을 지을까

코로나19 때문에 대부분의 사람들이 집에 머무는 시간이 비약적으로 늘었다. 그러다 보니 아파트에 살더라도 집을 보다 편하고 아름답게 꾸미려는 시도가 많아졌고, 이참에 집을 짓겠다는 수요도 늘었다. 물론 이런 분위기가 코로나19 이후로도 이어질지에 대해서는 의견이 분분하지만, 대체로 야외 공간을 겸비한 집에 대한 관심과 욕구는 계속 증가할 것으로 보인다.

집을 짓는 것이 막연한 꿈에서 기필코 이루고 싶은 목표가 되는 경우는 대개 두 가지다. 자녀를 독립시킨 부부가 은퇴하고 전원에서 한가롭게 살고 싶거나 젊은 부부가 아이들을 층간 소음 걱정 없이 뛰어놀게 하고 싶은 경우. 전자는 앞으로 남은 자신의 삶을 위해 후자는 아이들의 자유로운 생활을 위해 집을 지을 결심을 한다. 약 80퍼센트 정도의 비율로 이 두 경우가 건축주의 대부분을 차지한다. 나머지 20퍼센트는 연령과 결혼 유무와 관계없이 자신의 라이프 스타일을 실현하고 싶은 사람들이다.

어느 쪽에 속하건 다양한 이유로 집을 지으려고 마음은 먹었는데 그렇다면 어떻게 시작해야 할까? 대부분 인터넷 창을 열어 '집 짓는 법'에 대한 검색을 먼저 할 것이다. 요즘 세상에 다른 어떤 분야도 마찬가지겠지만, 집 짓는 정보가 여기저기 차고 넘치게 유통된다. 잘 지어놓은 집을 소개하는 섯에서 그치지 않고 집을 짓는 제법 구체적인 프로세스들이 제공된다. 대충 시작과 끝에 대해 알게 되면 덜컥 땅을 사거나 낭징 집을 짓겠다고 나서기도 한다. 집 짓기가 스스로 할 수 없는 불가능한 일은 아니다. 집이라는 건 삶의 기본이므로 스스로 지으면 더할 나위 없이 좋은 일이다.

한편으로 집이라는 건 손으로 대충 만들어 완성할 수 없는 것이기 때문에 신중해야 한다. 모르는 건 전문가에게 물어보고 확인하고 또 확인해야 하는 게 집 짓기다. 집 꾸미기에 대한 관심이 높고, 엄청난 양의 정보가 쏟아지니 양질의 정보를 가려낼 줄도 알아야 한다. 시중에는 불필요하거나 잘못된 정보들이 진짜처럼 나돌기도 하는데 이런 것을 잘 가려내야 비로소 큰 탈 없이 집을 지을 수 있다. 가장 좋은 건 설계부터 건축가와 의논하는 것이다.

설계 상담을 하다 보면 집을 짓겠다는 목표만 있을 뿐 자기 자신을 모르는 경우가 많다. 예를 들어 도심의 문화생활을 즐기는 60대 할아버지가 손자들과 지내고 싶어 교외에 마당이 있는 전원주택을 짓겠다고 하거나, 사람 만나기를 좋아하는 사람이 한적한 시골 마을에 집을 짓겠다던가, 최근에 유행하는 북유럽 인테리어 책을 가져와 똑같이 해달라고 하는데 막상 취향은 전혀 북유럽풍이 아닌 경우를 많이 봐왔다. 기존에 살았던 자신의 삶의 방식과 전혀 다른 뜬금없는 계획은 아무리 좋은 땅과 여유로운 예산으로 집을 짓는다 해도 만족스러운 결과가 나올지 미지수다.

집을 짓는다는 건 '나'를 새롭게 세우는 일이다. 때론 집을 새로 짓는 것만으로 삶이 바뀌기도 한다. 가족이, 마을이 혈연이자 공동체로 묶이던 옛날에는 나를 세우고 말고 할 것도 없이 각각의 집에서 내려오는 가풍대로 살았다. 그러나 가족의 테두리가 희미해진 현대사회에서는 삶의 틀을 내가 결정해야 하는데 그게 쉽지 않다. 9시 뉴스만 있던 시대에는 그 안에서 세상을 판단했다. 지금은 실제보다 더 진짜 같은 온라인 세상의 정보들까지 속속들이 진실과 거짓, 옳고 그름을 스스로 가려내야 하기 때문에 더 복잡하다. 이렇게 판단하고 결정해야 할 것들이 많아지면서 오히려 취향과 기호에 무뎌진다.

정말 집을 짓기로 마음먹었다면 멋진 집, 매력적인 인테리어 사진부터 무작위로 수집하는 경우가 많은데, 그보다 먼저 해야 할 것이 있다. 나는 어떤 사람이고 어떤 것을 좋아하는지 파악해서 나만의 가이드라인을 만들어야 한다. 내가 가장 좋아하는 것을 적어보고 내가 가장 편안한 때를 떠올려보고 내가 가장 그리운 것들을 기억해보는 것이다. 늘 곁에 두고 싶은 것들을 나열해보면 어떤 집을 지어야 할지 대략 감이 잡힌다. 기억 속 어린 시절에 참 좋았던 툇마루를 꼭 놓아야겠다는 건축주, 인생에서 가장 중요한 건 음악이라며 음악이 중심이 되는 집을 짓고 싶다는 건축주, 가족이 함께하는 삶이 가장 중요해 공용 공간 중심의 집을 꿈꾸는 건축주……. 사람들이 갖고 있던 꿈은 무척 다양했다.

경기도 과천의 어느 태평한 동네에 땅을 사둔 부부가 가장 중요하게 여기는 건 '성찰'이었다. 바쁘게 돌아가는 세상에서 돌아와 가만히 나를 돌아보는 시간, 집에서 그런 시간을 갖고 싶었다. 아내는 차를 공부하며 차를 마시고 남편은 일하는 시간 외에 불교 공부를 하고 좌선을 하고 싶었다. 프라즈나의 집은 가장 먼저 차를 마시는 공간을 집의 전면에 두었고 좌선을 위한 공간을 집의 가장 깊숙한 곳에 넣었다. 혼자서 명상을 하는 좌선의 공간은 집과 땅의 꼭짓점에 오래전부터 자라고 있던 감

경기도 과천 프라즈나의 집. 집의 진면에 차를 마시는 공간을 두었고
집의 가장 깊숙한 곳에 좌선을 위한 공간을 넣었다. 설계 기온건축 .

사진 ⓒ김용관

나무 사이에서 집과 세상을 관조하고 있다.

　　이처럼 집을 짓기 위해서는 방을 몇 개 두고, 어떤 구조로 짓느냐, 얼마에 짓느냐보다 나의 삶에 반드시 있어야 하는 것이 무엇인지 찾아내는 것이 먼저다. 쉽게 떠오르지 않는다면 일단 버리는 연습을 추천한다. 물건도 좋고 생각도 좋다. 버리고 정리하다 보면 선택을 통해 남는 것들이 있는데 그것이 집을 지을 때 가이드라인이 되어준다. 내가 가장 중요하게 생각하는 것, 절대 바꿀 수 없는 가치에 대한 고민이 끝났다면 이제 정말 집 짓기를 시작해도 좋다.

3

내 몸에 맞는
나만의 집

집과 함께 자라다

모르고 보면 작은 일도 큰일처럼 허둥지둥하게 되는 경우가 많다. 큰아이가 다섯 살 때였는데, 어느 날 일을 마치고 집에 가니 아이의 입 주변에 빨갛게 두드러기가 나 있었다. 뭘 잘못 먹은 건 아닌지 걱정하며 소아과에 데려갔다. 의사 선생님이 청진기도 대지 않고 그저 아이를 물끄러미 바라보더니 물으셨다. "너 컵 빨았니?" 알고 보니 컵을 입에 물고 만화를 보는 데 열중하다 보니 컵 안에 입이 쏙 들어간 채 방치해 실핏줄이 터진 것이다. 혹시라도 큰 문제인가 싶어 마음이 조마조마했는데 그냥 며칠 지나면 없어진다는 선생님 말씀에 안도했었다.

아이를 키우는 부모들이라면 누구나 하는 경험일 텐데, 아이가 열나고 설사하고 먹지도 못해 발을 동동 구르며 큰 병원에 데려갔더니 주사를 놓고 약을 한 움큼 주었다. 문제는 먹는 걸 삼키지 못하니 약도 먹일 수가 없어서 다시 동네 의원을 찾아가니 선생님이 "이럴 땐 뭘 먹여도 토하니까 물만 주고 그냥 굶기세요. 하루 이틀 굶는다고 큰일 나지 않아요. 탈수를 막는 이온음료 같은 것 외에는 아무것도 먹이지 말고 기다리세요"라고 말씀하셨다. 처음이고 경험이 없어 아이가 아플 때마다 당황했는데 선생님의 말씀에 호들갑이 줄고 마음도 편해졌다. 결국 시간이 약이었던 것이다.

사람들이 집을 지으면서 가장 걱정하는 하자 문제도 이와 비슷하다. 아파트에 살면서 편한 것은 문제가 생기면 어쨌든 관리 사무소에 연락해서 웬만한 부분은 해결할 수 있다는 것이다. 단독주택에 살기로 했다면 직접 그런 문제들을 해결해야 한다는 것이 부담스럽다. 그럴 때 '집을 어떻게 잘못 지었길래 이런 일이 생기지?'라고 걱정하기보다 풀 수 있는 문제라고 긍정적으로 접근하는 것이 좋다.

근본적으로 공사가 잘못되어 생기는 심각한 문제가 아니라면 대범하게 대처해야 한다. 세상의 모든 것은 시간이 지나면 낡게 된다. 인간도 자연도 처음 모습 그대로 사는 건 없다. 수명은 제각각이지만 결국에는 시간의 힘에 무력해진다. 물건도 집도 그렇다. 쓰다 보면 망가지는 것이 자연스러운 현상이다. 그것에 대해 너무 두려움을 가지지 말았으면 한다. 물론 공사 전에 하자가 가장 적게 나올 수 있도록 치밀하게 설계하고 제대로 시공해야 한다. 배관과 설비 시설들을 꼼꼼히 체크해야 하고 배수로도 한 번 더 확인해 잘 빼놔야 한다.

사람들이 가장 걱정하는 단열이나 결로를 방지하기 위해 시공 단계에서 가장 중요한 부분은 창호 공사이다. 기껏 고급 단열재를 쓰고도 창호 주변의 벽과 만나는 부분을 꼼꼼하게 마무리하지 않으면 결국 문제가 생기기 때문이다. 간혹 집을 지을 때 동네의 다른 집은 두세 달 만에 짓는데 우리 집은 왜 몇 달 더 걸리냐고 물어오는 분들이 있다. 가령 콘크리트 공사의 경우 양생 기간을 한 달로 잡는데 3~4층 집을 두세 달 만에 짓는다면 콘크리트가 제대로 마르기도 전에 마감 공사를 했다는 얘기다. 그러니 처음엔 멀쩡해 보여도 시간이 지나면 습기가 올라와 곰팡이가 생기기도 하고 타일 등 급하게 붙인 마감재가 떨어지기도 한다. 밥을 할 때 다 끓은 후에도 뜸을 들여 제맛이 나게 하듯 모든 것에는 때가 있다.

집을 잘 지어놓았더라도 관리하는 방법을 어느 정도 숙지해야 한다. 가전제품도 사용하다 보면 조금씩 고장이 나듯, 집의 공사 또한 아무리 치밀하고 꼼꼼하게 해도 문제가 되는 구석이 생길 수밖에 없다. 집이 완성되기까지는 눈에 보이는 부분과 그렇지 않은 부분의 공사까지 15가지가 넘는 과정을 거친다. 집은 짓고 나면 1~2년은 자리를 잡느라 이곳저곳 손볼 곳이 생긴다. 집도 나름대로 적응하는 것이다. 적응기가 끝나면 각 부분별로 조금씩 손봐줄 시기가 온다. 바닥 난방 배관이나 수도 배관 등 설비의 교체 주기가 가장 빠르다. 마감을 하기 전에 배관을 찍어놓고 자료를 준비해두면 문제가 발생했을 때 누구라도 금방 찾아 빨리 고칠 수 있고 대비도 가능하다. 요즘처럼 집중 강우가 잦은 때는 홈통이 막혀 비가 새기도 하는데, 쌓인 낙엽을 제때 치워주기만 해도 해결된다. 사다리나 청소 도구 같은 기본적인 관리 도구를 구비하는 게 좋다.

사람도 성장하듯이 집도 시간이 지나면 점점 자리를 잡아간다. 계속 돌봐주고 보살피다 보면, 신기하게 살고 있는 사람들과 상호작용을 한다. 주인이 긴장을 하면 집도 긴장하고 주인이 느긋하고 여유롭게 생각하면 집도 그렇다. 주택에 산다는 건 여러 변수를 끌어안고 시작해야 하는 일이라는 걸 인정하고 마음을 다잡는다면 집과의 관계도 편안해진다. 단열, 결로 등의 문제로 요즘은 나라에서 법규로 정한 표준에 맞춰서 설계하고 공사하지 않으면 허가가 나지 않는다. 원칙대로 순리대로 집을 짓는다면 집주인이 걱정하는 만큼의 큰 하자는 많지 않다.

다른 분야도 그렇겠지만 건축은 모든 것의 만남이다. 땅과 건물의 만남, 하늘과 건물의 만남, 직교하는 두 면의 만남, 바닥과 벽의 만남, 벽과 천장의 만남 등 기술적이며 추상적인 만남을 시작으로 집을 지을 사람들과의 만남, 집을 지어줄 사람들과의 만남, 집을 앉혀줄 땅과의 만남 등 헤아릴 수 없이 많은 만남을 거친 후 마침내 진짜 집과 주인과의 만남이 성사된다. 이렇게 어렵게 만난 집과의 관계를 처음부터 불안하게 만들 것인지 느긋하게 지켜볼 것인지는 마음먹기에 달린 일이다.

정남향으로 길게 지은 이 집은 살아보니
각 방마다 예상보다 햇빛이 깊이 들어와,
짓고 나서 시간이 지난 후 나중에
기둥을 세우고 처마를 더 길게 내었다.
설계 가온건축.

사진 ⓒ박영채

경남 사천에 지은 패시브 하우스.
난방비 걱정을 덜고 공기의 질도 보장하는 집의 내부.
설계 해家패시브건축사사무소.

집은 주인을 닮는다

〈건축탐구-집〉에 나오는 집들 중 건축가의 도움 없이 개인들이 지은 집들도 자주 등장했다. 전문가의 입장에서 혹시 잘못된 부분이 있을까 싶어 둘러봐도, 크게 문제가 될 만한 지점이 거의 없었다. 방문 전에 제작진이 보내준 사진으로 먼저 보는데, 직접 가서 보면 사진보다 훨씬 잘 지어놓은 집들이었다. 아마도 주인이 자기에게 맞게 지었기 때문일 것이다. 틀에 박힌 삶이 싫어서 지은 집들이라 저마다 독특하고 특별한 개성이 드러나는 집들이었다.

건축가들이 집을 보러 다니니 누군가는 평가를 해주길 바라는데 집은 가치 평가를 할 수 있는 대상이 아니다. 비용을 많이 들이거나 유명한 건축가가 설계했다고 해서 훨씬 가치가 높아지는 것도 아니고, 주인이 직접 지은 집이 가치가 낮은 것도 아니다. 집은 사람도 다르고 땅도 다르고 재료도 다르고 다 달라 비교의 기준이라는 게 없다. 아파트가 재산 증식의 도구가 되면서 집이라는 게 어떤 비교 대상이 되고 가격으로 가치를 매기고 있어 잠시 착각하지만 재산 가치로써의 집은 일부분일 뿐이다.

집은 무릎 나온 트레이닝복처럼 헐렁하고 편안해야 한다. 물론 멋진 맞춤 정장도 입는다. 근사하고 폼이 나니 기분도 좋고, 사진도 몇 장 찍어놓고 기념하기도 한다. 그러나 불편하다. 집이 아껴 입는 비싼 정장 같아서는 곤란하다. 비싼 돈을 들이고 남들 보기에는 대단한 집인데 관리도 사용도 불편하다면 과연 괜찮을까? 입으면서 내 몸에 딱 맞게 편해진 부드러운 실내복 같은 집이 오래 살기에 더 좋은 집이 아닐까? 남들이 보기에 어떤가를 의식하기보다 내가 입고 사용하기 편한 집을 먼저 생각해야 한다.

세종시에 사는 노승무 씨는 은퇴 후 아내와 살 집으로 패시브 하우스를 선택했다. 난방비 걱정을 덜고 공기의 질도 보장하며 남은 인생을 말 그대로 패시브하게 낭비 없이 살자는 의미도 있었다. 그 집은 층고가 높았는데도 엄청 아늑했고 들어가자마자 따뜻한 온기가 가득했다. 집의 온도를 유지해주는 패시브 하우스인데다 집 안에 커다란 러시아식 벽난로도 있어 한몫했지만, 그보다 집 안 곳곳 안주인의 손길이 묻어난 소품 하나하나가 포근했다. 새로 지은 집답지 않은 익숙하고 편안한 풍경이라고 생각했는데 오래된 가구며 가전을 전부 그대로 가져왔다고 했다. 새집을 짓는다고 멀쩡하게 쓰던 가구를 버리고 새로 사는 게 낭비 같아서 처음부터 가구 크기에 맞게 집을 설계했다. 장롱에 맞춰 방 크기를 정하고 침대 높이에 맞춰 창을 냈다. 낭비하지 않겠다는 마음이 설계에 고스란히 담긴 것이다. 🏠 〈건축탐구-집〉 시즌 2 '19화 집의 온도-패시브하게 산다는 것'

삶의 굽이굽이마다 선택했던 가구들인데 집을 새로 지었다고 버린다고 생각하니 속상했다는 건축주의 말은 큰 울림을 주었다. 어떤 인테리어보다 값진 것은 사는 사람의 손때라고 생각한다. 하루아침에 만들 수 없기 때문이다. 그 집에서 어떤 화려한 집보다 훨씬 큰 감동을 받았다. 집은 사람을 닮는다. 집을 짓는 일은 오래 머물며 나와 가족의 시간을 쌓아가는 나를 닮은 존재를 만드는 일이다.

〈건축탐구-집〉에 소개된 건축주들은 누구도 집을 이야기할 때

세종시에 노승무 씨가 지은 패시브 하우스. 거실과 부엌 사이에 러시아식 벽난로가 있어 포근하다. 전에 쓰던 가구 크기에 맞춰 방과 창의 크기를 정했다. 설계 건축사사무소 봄.

경제적 가치를 위에 두지 않았다. 가격이 오르는 집이 좋은 집이라고 생각했다면 집을 짓지 않았을 것이다. 자신이 지은 집보다 더 현대적이고 근사한 집에 살았었다는 어느 건축주는 집을 지으며 불안이 사라졌다고 했다. 늘 쫓기듯 살아왔던 과거에서 벗어나 비로소 진짜 삶을 사는 느낌이라고 했다. 〈건축탐구-집〉에 나온 사람들이 행복해 보이는 이유는 세상의 기준과 굴레에서 벗어나 나를 찾는 일을 했기 때문일 것이다.

2
chapter

기초 탐구

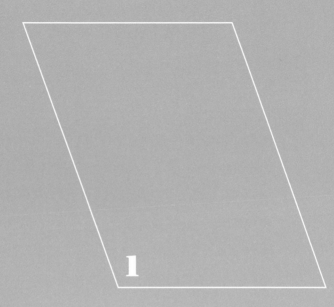

건축주가 되고 싶다면:
아파트를 벗어나 나만의 집으로

은퇴자 부부의 힐링 라이프

은퇴자들이 집을 지을 때 첫 번째로 고려해야 할 것은 가족 구성원들의 합의이다. 많은 은퇴(예정)자들이 이미 땅을 마련해 찾아온다. 자연 속에서 한적한 전원생활을 꿈꾸며 오래전부터 준비한 경우도 있고, 어떤 건축주는 한눈에 반해 땅을 계약한 뒤 찾아오기도 한다. 여기저기 여행 중에 운명처럼 만난 땅도 있고, 연고가 있는 고향에 준비해두었거나 부모님 집이 있던 자리에 다시 집을 짓길 원하기도 한다. 땅도 있고 돈도 있는 이들에게 가장 큰 문제는 배우자가 삶의 변화를 원하느냐는 것이다.

집을 짓기를 원하는 건 주로 남편 쪽이다. 집을 짓는 건 굉장한 성취감을 주는데, 평생 회사 생활을 하다 은퇴를 한 남편들의 공허함을 채워주기 딱 좋은 작업이다. 사회생활을 마치고 난 뒤 어린 시절의 향수와 자연에 대한 갈망이 더 크게 다가오는 부분도 있다. 반면 아내들은 입장이 다르다. 친구도 생활 기반도 다 도시에 있는데 굳이 집을 짓기 위해 옮기고 싶지 않다. 이제 겨우 아이들을 다 키우고 나만의 삶을 즐길까 했는데 시골행이라니. 벌레도 싫고 적적한 건 더 싫고 운전도 싫어 영락없이 갇힌 신세가 될까 두렵다. 그럼에도 불구하고 남편이 내 집을 지어야겠다고 한다면, 아파트를 처분하고 여유 자금을 만들어볼까 하고 낙향을 결심한다. 부부 중 한 명이 일방적으로 결정하면 집을 지은 후 만족도가 높지 않다. 이런 경우 설계 의뢰가 들어오면 부부가 충분히 대화하고 희망 사항을 구체적으로 합의해야 한다고 결성을 말린다. 부부의 마음이 통해 집 짓기를 시작할 수 있다면, 그때는 서로를 위한 공간을 염두에 두고 설계에 들어가야 한다.

두 번째로 생각해야 할 것은 동네 사람들과의 교류와 소통이다. 조용히 자연을 벗 삼기 위해 한적한 곳에 집을 짓는다지만 사람은 사회적인 존재다. 새로 정착한 곳에 내가 어떻게 어울려 살 것인지에 대해서도 생각해야 한다. 아직 우리나라의 지역사회는 폐쇄적인 경향이 있어서 10년을 살아도 이방인 소리를 듣기도 한다. 오랫동안 같은 자리에 모여 살아온 사람들의 연대는 생각보다 더 끈끈하기 때문에 외톨이로 살아가기 싫다면 먼저 다가가야 한다. 객지에서 온 외지 사람에게 거부감 없이 편하게 다가올 수 있도록 이웃과 어울릴 방법을 미리 궁리하는 것도 좋다.

경기도 용인의 건축가 오혜정·성상우 부부는 집 안에 사랑방을 만들어 마을 사람들과 한학을 공부하고 생각을 나누며 친해졌다. 배움이 오가다 보니 자연스럽게 마을에 녹아들었고, 마을 사람들도 사랑방을 사무실처럼 편하게 사용하고 있다. ▪️〈건축탐구-집〉 시즌 2 '2화 출퇴근이 없는 집'

세 번째는 아주 현실적인 문제인데, 무슨 일을 하며 살 것인가이다. 그곳에서도 삶은 계속되므로 일이 필요하다. 집을 짓다 보면 여러 부분에서 비용이 늘어나 예산을 초과하기 쉽다. 조경이나 가전, 가구 등의 추가 비용이나 세금 문제 등 예상보다 많은 지출이 생긴다. 때문에 처음 생각했던 여윳돈이 헐해지기도 하고, 백 세 시대를 대비하자면 어쨌든 수입이 있어야 한다.

어느 60대 부부는 섬진강 줄기를 따라 피는 벚꽃이 아름다운 곳, 하동 처가댁 근처에 땅을 사 집을 지었다. 『화엄경』에서 따온 '고요히 머무르며 우러른다'는 뜻의 '적이재(寂而齋)'라는 이름을 붙였다. 부인의 고향인 동네라 처가 일가와 친구들이 튼튼히 뿌리를 내리고 있어 낯선 곳에서 은퇴 이후를 준비하는 경우와 달리 새로 집을 짓는 데 여유가 있었다.

경기도 용인에 건축가 부부가 지은 사무실 겸 집.
회전문이 있는 집 사랑방 쪽 외관. 사랑방은 이웃들이
모여 한학을 공부하며 생각을 나누는 공간으로
변신한다. 설계 아백제건축사사무소.

주인은 오랫동안 도시의 아파트에서 신경 쓸 일 없이 편하게 살아왔는데 집을 짓기로 마음먹은 후 어린 시절 살았던 전형적인 시골 농촌 마을 집의 모습을 그리게 됐다. 마루가 있고 텃밭과 넓은 마당이 있는 풍경이 자신의 집이었으면 바랐고, 자연스럽게 집의 외관은 익숙한 민가 혹은 한옥을 모티브로 했다. 구조는 가장 일반적인 경골목구조(110쪽 참조) 형식을 택했다. 집의 형태는 얇고 긴 집으로 설계해 바람이 잘 통하고 햇빛도 따뜻하게 담는 시원하고 쾌적한 집이 완성됐다. 집을 지은 후 부부는 각자 동네에서 할 수 있는 일자리를 찾았다. 자녀들을 위해 만든 집의 2층 손님방은 가끔 지리산 구경을 오는 사람들에게 펜션처럼 내준다. 도시보다 생활비가 적게 들기 때문에 욕심 없이 만족하며 살고 있다. ⬛〈건축 탐구-집〉 시즌 2 '12화 지리산에 살아 볼거나'

이처럼 은퇴 생활자들의 집 짓기는 짓기 전에 고려해야 할 것들이 많다. 가족과 집 지을 땅과 무엇보다 나 자신과 합의하고 설득하는 준비 과정을 거치면, 새로운 집에서 펼칠 두 번째 삶이 좀 더 편안할 것이다.

경남 하동 십리벚꽃길 언덕에 지은 집, 적이재.
한옥을 모티브로 얇고 긴 집으로 설계해 바람도
잘 통하고 햇빛도 따뜻하게 잘 들어오는 쾌적한
집을 완성했다. 설계 가온건축.

아이에게 '뛰어도 돼'라고 할 수 있는 집

아파트에서 아이를 키울 때 가장 신경 쓰이는 것이 층간 소음이다. 에너지가 넘치는 아이들에게 '뛰지 말라'고 잔소리하는 일은 아이에게도 어른에게도 답답하고 속상한 일이다. 경쟁 위주의 교육 환경에서도 벗어나고 싶고 넓은 마당 같은 탁 트인 환경에서 아이를 키우고 싶은 젊은 부부들과 도심으로 출퇴근이 가능한 교외에서 살고 싶어 하는 이들도 집을 짓는다.

이 경우는 은퇴 생활자들과 다르게 대부분 가족 모두 합의가 되어 있어 그 부분은 걱정이 없다. 얼마든지 뛰어다니며 노는 마당이 있는 집으로 이사를 간다고 하면 아이들은 환호할 테고, 그런 아이들을 보면 엄마와 아빠도 결정을 잘했다 싶을 것이다. 그러나 먼저 생각해야 하는 건 땅을 구입할 때 가족 구성원 개개인의 상황을 고려한 위치와 집의 형태다. 대중교통에서 너무 먼 곳에서 매일매일 출퇴근하는 것은 버거운 일이다. 오래도록 지치지 않고 살려면 도로의 접근성이나 직장과의 거리 등을 고려해 지속 가능한 삶이 되도록 해야 한다.

집의 형태는 가장 공들여 고민해야 하는 부분이다. 교외로 가면 도시에 비해 인프라가 부족해 가족들이 주로 집에서 지낸다. 모두 모여 있다 보면 자칫 서로 간섭하면서 스트레스가 쌓이기 쉬워 가족이 함께 집에서 오랜 시간을 보내기에 적합한 공간으로 설계하는 게 무척 중요하다. 우리가 경기도 양평에 설계한 30대 부부와 아들, 세 식구의 집은 재택근무를 선택한 아내를 위해 집에서도 쉴 수 있도록 거실 옆에 작은 다실

©임형남

©임형남

겸 공부방을 만들었다.

〈건축탐구-집〉에서 만난 또 다른 30대 부부의 집에는 아빠가 게임도 하고 영화도 보는 작은 비밀 공간과 본채와 연결된 별채에 10여 년간 취미로 삼았던 엄마의 다실이 있다. 이렇게 각자 휴식하고 쉴 수 있는 자신만의 공간은 낯선 곳에서의 적응도 도와주고, 도시에 비해 한적하고 불편한 주택의 삶을 지속 가능하게 해준다. ▗〈건축탐구-집〉 시즌 2 '16화 취미家 좋다'

이런 사례처럼 아이들뿐만 아니라 엄마가 좋아하는 것과 필요한 공간, 아빠가 좋아하는 것과 필요한 공간을 염두에 두고 지으면 모두가 만족할 집이 탄생한다. 가령 요리를 좋아한다면 주방에 집중하고, 운동을 좋아한다면 그에 맞는 공간을 설계하고, 아이들 중심의 집이라면 아이들의 개성과 독립심을 발달시킬 수 있는 공간을 꾸미는 것이다.

아이를 둔 30~40대 젊은 부부가 미처 생각하지 못하지만 꼭 염두에 두어야 할 것은 여유 공간이다. 은퇴 생활자의 경우와 반대로 가족이 늘 수 있기 때문이다. 아이들이 금방 자란다는 것도 잊지 말고 당장 아이의 연령에 맞춘 설계보다는 좀 넉넉하고 여유로운 공간 구성을 하는 것이 좋다. 가령 서재로 쓰는 공간이 나중에 손님방이나 아이방으로 사용될 수 있다든가, 거꾸로 아이의 독립 후에는 그 방을 가족의 취미실로 쓴다든가 하는 식으로 변화의 가능성을 남겨두는 것도 좋다. 가족이 자라듯 집도 자란다.

경기도 고양시에 본채와 별채로 구성된 마당이 넓은 집.
각자 휴식을 하고 쉴 수 있는 자신만의 공간은 낯선 곳에서
적응할 수 있게 도와준다. 아빠를 위해 만든 작은 비밀의
방(오른쪽 위)에서는 게임도 하고 영화도 볼 수 있다.
엄마를 위해 만든 독립적인 다실(오른쪽 아래).
설계 유타건축.

나 혼자 살거나 집사가 되거나

또 다른 건축주들은 비혼의 1인 가구나 반려동물을 키우거나(동물들을 존중하는 의미로 '집사'라고 부르기도 한다) 젊지만 귀농에 뜻이 있는 사람 등 다양하고 개성이 강한 사람들이다. 남과 똑같은 생활 방식을 거부하는 이들 중 상당수는 자신이 어떤 사람인지 명확히 알고 있어 설계 상담이 비교적 쉽다. 집의 외연보다 자신의 생활 방식에 가장 잘 맞는 집을 만드는 것에 중점을 두면 된다.

강아지를 세 마리 키우는 젊은 부부의 집을 지은 적이 있다. 이 부부는 욕실에서 편안하게 강아지를 목욕시킬 수 있는 욕조를 원했다. 부부의 강아지들은 소형견이어서 대형견처럼 큰 욕조가 필요하지 않았기 때문에 다용도실에서 쓰는 개수대 정도 크기의 욕조를 설치해주었다. 또 다른 집은 주방 근처에 개들이 나란히 앉아 밥을 먹을 수 있는 강아지 식탁을 원했다. 그래서 아일랜드 싱크대의 옆면에 홈을 파고 낮은 선반을 달아 그것을 만들어주었다. 반려동물도 한 가족으로 처음부터 함께 잘 살 수 있는 설계를 하는 것이다.

고양이와 개가 함께 사는 집이라고 해서 '고개집'으로 불리는 집이 있다. 반려동물과 함께하는 건축주의 라이프 스타일에 딱 맞으면서, 동물의 습성까지 고려한 집이다. 모던한 분위기의 그 집은 사람이 살기에도 근사했지만 고양이와 강아지에게 더할 나위 없이 좋은 환경이었다. 사이좋게 지내기는 힘든 고양이와 강아지가 분리해서 살 수 있도록 1층과 2층의 공간이 나눠져 있었다. 1층에는 강아지들이 자유롭게 마당으로 나

반려동물과 함께하는 건축주의 라이프 스타일을 고려해 지은 '고개집'.
가운데 거실을 두고 뻥 뚫린 구조로 어디에서든 동물들이 잘 보이도록
난간을 유리로 제작했다. 설계 삶것건축사사무소.

갈 수 있는 작은 전용 출입구가 있었는데, 사람의 손을 빌리지 않아도 자신의 의지로 바깥바람을 쐬고 배변을 해결하도록 되어 있다. 2층은 고양이의 공간으로 고양이들의 습성을 이용해 숨을 곳과 오를 곳을 만들어주었다. 가운데에 거실을 두고 뻥 뚫린 구조로 거실이 내려다보이게 동그랗게 둘러진 난간을 유리로 제작해 사람이 1층과 2층 어디에 있든 동물들을 살필 수 있었다. 부상이 잦은 동물들을 위해 폭신하고 거친 느낌의 바닥재를 사용하는 등 소소한 부분까지 배려한 집이었다. ▟ 〈건축탐구-집〉 시즌 1 '3화 개와 고양이를 부탁해'

당장은 아니더라도 언젠가 집을 지을 계획이라면, 집의 '버킷리스트'를 적어보는 것도 큰 도움이 된다. 전북 장수에 터를 잡은 임지수 씨는 은퇴 후 자신에게 꼭 맞는 집을 짓기 위해 백지를 앞에 두고 여러 날에 걸쳐 자신이 원하는 것에 대해 적었다고 한다. 처음엔 한 줄도 쓰기 어려웠지만 평소 산에 자주 다니고 초록을 좋아하던 자신을 떠올렸다. 크고 화려한 집보다는 종일 너른 초록을 마주할 수 있었으면 좋겠다고 적었다. 어느 정도 예산으로 어떤 땅을 골라 집을 지어 어떻게 살고 무얼 할 건지 빈 종이에 빼곡하게 적어 내려갔다. 그 계획서를 바탕으로 땅을 사고 5.5평 컨테이너 집을 짓고 숲속 정원을 가꿨다. 15년 동안 필요할 때마다 조금씩 조금씩 공간을 늘렸고 지금은 자신에게 꼭 맞는 집에 살고 있다. 임지수 씨는 그곳에 살면서 타인의 시선과 기준, 사회생활에 적응하느라 묻어두었던 자신의 '천성'을 되찾았다고 했다. ▟ 〈건축탐구-집〉 시즌 2 '7화 인생 후반전, 나를 닮은 집'

단지 경제적 관점으로 가장 중요한 재산으로써의 가치가 높았던 집에 대한 선입견에서 벗어나면 많은 것들이 보이고 집이 점점 흥미로워진다. 집에 대한 나와 내 가족의 취향은 무엇인지, 집에서 가장 좋아하고

전북 장수에 따로 또 같이 여러 채로 나뉜 신기한 집.
건축주는 하루 종일 너른 초록을 마주할 수 있었으면 좋겠다고 생각했다.
땅을 사서 컨테이너 집을 짓고 숲속 정원을 가꾸며 자신에게 맞는 집에 살고 있다.

편안해하는 공간은 어디인지, 현재 집을 어떻게 쓰고 있는지, 집에서 가장 많이 하는 것은 무엇인지, 하나씩 체크하다 보면 나의 집이 어떤 모습을 갖춰야 할지 희미하게 보인다.

집 짓기에서는 모든 것이 정답이기도 하고 아니기도 하다. 다만 나와 닮은, 내가 살기 편한 집이 있을 뿐이라는 사실을 기억해두면서 행복한 집 짓기를 시작해보자.

2

어떤 땅을 구해야 할까:
건축주를 닮은 땅

좋은 땅과 나쁜 땅

우리가 만나는 땅들은 살아 있고 많은 말을 한다. 우리가 딛고 사는 지구의 반지름이 워낙 커서 둥그렇다는 것을 인식하지 못하는 것처럼, 땅의 움직임이 워낙 커서 작동하는 들숨과 날숨을 느끼지 못하는 것이다. 그동안 사람의 성격처럼 제각각인 다른 땅들을 많이 만났다. 말이 많은 땅, 과묵하고 진중한 땅, 시무룩한 땅도 있었다. 땅의 주인들도 기호가 다 달라서 경관이 좋은 땅을 제일로 생각하는 사람도 있고, 평평하고 편안하고 햇빛이 잘 드는 땅을 좋아하는 사람도 있다. 대체로 남향의 땅을 선호하지만, 도로가 북쪽에 있어서 법규의 제한을 덜 받는 땅을 선호하는 사람도 있다. 선뜻 주인이 나서지 않던 자기 주관이 강한 땅이 그걸 있는 그대로 받아들여주는 사람과 이어지기도 하고, 아늑하게 숨어 있는 땅에서 조용히 세상을 바라보겠다는 사람도 있다.

땅을 고른다는 건 서로의 연이 닿는 일이고, 그래서 결혼 상대를 고르는 것과 비슷하다. 남들이 좋다고 하는데 영 별로이기도 하고, 어느 순간 갑자기 첫눈에 반해 이 땅이 아니면 안 되겠다는 경우도 생긴다. 집을 짓고 싶어서 몇 년 동안 땅을 보러 다녀도 사지 못했는데 어느 날 지인의 동네에 놀러 갔다가 마음에 쏙 들어 그날로 계약하는 경우도 보았다. 그러나 첫눈에 반한 사람이라고 아무것도 따지지 않고 결혼할 수 없듯 땅도 마찬가지다. 성급한 결정은 금물이다. 해는 제대로 잘 들어오는지, 물은 잘 빠지는지, 주변 경관과 입지는 괜찮은지, 도로 상태와 진출입은 쉬운 편인지, 혹 도로를 낼 수 없는 맹지는 아닌지, 하나하나 꼼꼼하게 따져야 할 것들이 많다. 지역에 따라 자치법규가 다르기 때문에 막연히 '저 땅이 양지바르고 좋아'서 선뜻 사서는 안 된다. 토지의 조건들을 알려주는 '토지이용계획서'라는 서류는 예전에는 관할 관청에 가서 확인해야 했지만 요즘은 인터넷으로도 얼마든지 검색 가능하다. 토지이음 홈페이지와 씨:리얼에서 손쉽게 확인할 수 있다.

토지이음 홈페이지 http://www.eum.go.kr
씨:리얼 http://seereal.lh.or.kr/main.do

부동산을 통해 토지를 구입할 경우 법적인 제약이나 특이 사항은 기본적으로 안내받는 것이 가장 쉽고 빠르다. 투기 목적의 기획 부동산이 아니라 마을에서 오랫동안 영업한 믿을 수 있는 부동산과 거래하면 대부분 자세히 정직하게 답해준다. 부동산과 거래할 때 땅에 문제가 없어 계약을 하게 되더라도 잔금을 주기 전까지 확인 절차를 거쳐야 할 것들이 많다. 정확한 소유관계 외에도 인허가 여부, 주변의 개발계획 등등 모르는 게 있고 궁금한 점이 있다면 부동산에서 최대한의 정보를 얻어내는 것이 좋다.

집을 지을 수 있는 땅인지에 대한 가장 확실한 접근은 해당 관청의 건축과에 문의하는 것이다. 요즘은 주소를 말하면 대부분 허가 여부 또는 고려해야 할 사항 등을 안내해준다. 혹은 구입 전이라도 건축사 사무소를 찾아가 땅에 관련된 보다 자세한 정보를 상담하는 방법도 있다. 내가 원하는 집 짓기에 적합한 땅을 마련하는 게 가장 중요한 일이므로, 땅을 구입할 때는 이중 삼중 여러 차례 확인 절차를 거치는 것이 좋다.

땅이 마음에 들어서 사겠다고 마음먹기 전에 반드시 체크해야 할 것들이 있다. 먼저 대지와 대지가 아닌 전답, 임야 등의 차이를 알아야 한다. 대지(垈地)는 건물을 지을 수 있도록 수도 시설, 전기 시설 등의 여건이 갖춰져 있거나 쉽게 갖출 수 있는 땅을 말한다. 전답(田畓)은 말 그대로 논과 밭이고 농지라 부르며, 산지인 임야의 경우는 좀 더 허가 절차가 까다롭다. 가격이 싸다고 농지나 산지를 사면 농지전용허가, 산지전용허가 등 대지로 바꾸는 작업을 해야 하는데, 개발 허가와 인입 비용이 더 들 수 있으므로 사기 전에 잘 따져봐야 한다.

부동산 계약서에도 건축 목적을 정확히 밝히고 그에 부합되지 않을 시 조건 없이 계약을 파기할 수 있다고 명시해두자.

도시와 도시 외 지역의 차이

집 짓기에 가장 좋은 땅은 기존에 집이 지어져 있던 땅이다. 누군 가가 사는 내내 오래도록 지반이 다져졌기 때문에 비교적 안전하고 수도 나 전기 등의 기반 시설이 갖춰져 있다. 대부분 동네 안에 있거나 가까이 에 집들이 있어 외딴 집이 부담스러운 사람들에게 적합하다. 집이 있었다 면 이미 '대지'이기 때문에 전용허가 등 별도의 절차도 필요 없다. 대신 농 지나 산지보다는 땅값이 비싼 편이다.

경관이 좋거나 마음에 딱 들어도 도로와 맞닿은 부분이 없는 맹 지, 무리하게 산을 깎은 택지는 피하는 것이 좋다. 최소한 2미터 이상 '도 로'를 접한 땅을 사야 건축 허가를 받을 수 있다. 도로에 접해 있더라도 국유지가 아닌 사유지라면 도로 주인의 동의를 받고 이용해야 하기 때문 에 반드시 등기부 등본을 통해 도로 소유권을 확인해야 한다. 지금은 많 이 줄어들었지만 예전에는 땅값이 싸다고 해서 곧 도로가 난다는 소문만 믿고 맹지를 사는 사람들이 있었다. 또한 택지 분양 중인 땅은 축대나 배 수 공사 등이 잘되어 있는지 살펴야 한다. 잘못 사면 긴 장마나 태풍에 흙 이 무너져 흐르거나 집을 덮칠 수도 있다. 그늘이 많아 볕이 거의 안 드는 땅, 너무 깊은 산속, 경사가 너무 급한 땅도 피하는 게 좋다. 나중에 집을 아무리 잘 지어도 자연이 주는 한계에 부딪히게 되어 있다.

간혹 사려는 땅에 농작물이 심어져 있는 경우가 있다. 집을 짓고 사는 것도 아니고 밭을 일구는 정도는 괜찮겠다고 계약했다가 피해 보상 을 하게 되거나 땅을 자유롭게 쓰지 못하게 되기도 한다. 땅 주인이 아니라도 농작물을 심은 사람은 작물에 대한 권리를 갖는다. 땅을 구입하고 집을 짓기 전 이 문제를 깔끔하게 해결하는 게 좋다. 서로 합의를 잘해서 정리가 되면 함부로 경작하지 못하도록 팻말을 붙이는 등의 조치를 취해야 한다.

도시에 비해 개발이 덜 돼 자연이 아름다운 곳에 땅을 사는 사람들이 흔히 하는 실수가 경관에 현혹되는 것이다. 땅을 고를 때 흔히 경치가 중요하다고 생각하는데 사실 경치는 큰 상관이 없다. 경치가 좋은 건 잠깐이고, 풍경 무상이라고 해야 할까. 경치는 늘 변하고 내 경관을 가리는 다양한 장애물들이 솟아오르기 때문에 온전히 그 경치를 소유한다는 것은 기대하기 힘든 일이다. 옛사람들은 경관이 좋은 곳에는 집보다 정자나 별서 등 잠시 머물며 감상하고 휴식을 취하는 건축물을 짓곤 했다. 오래된 고택들을 보면 화려한 경관보다 사람이 살기 편안한 풍경이 넉넉하게 받아주는 곳이 낫다.

건축주들에게 집은 늘 현실이라고 말한다. 경관만 수려한 곳은 조미료를 많이 넣은 음식처럼 소화하기 어렵다. 땅을 살 때 가장 중요한 건 상상력이다. 땅을 사기 전에 이 땅에서 과연 내가 편안하게 살 수 있는가 끊임없이 상상해봐야 한다.

도시의 땅은 거의 대지라고 보면 된다. 도시의 땅값이 비싼 이유는 여러 가지가 있지만 이미 갖춘 기반 시설에 대한 비용이 포함되었기 때문이다. 그런데 간혹 싼 땅이 있다. 신축이 제한되는 개발제한구역에 해당되거나 도로에 문제가 있는 경우다. 가령 토지이용계획서에 도로 계획이 있는 땅이라고 하면, 그 도로가 내년에 생길지 십 년 후에 생길지 모를 일이다. 땅이 넓어서 샀는데 안쪽으로 도로를 낼 계획이 있다고 선이 하나 그어져 있는 땅도 쓸 수 없기는 마찬가지다. 그러니 지자체 해당 기관 건축과나 도시계획과에 꼭 확인을 해봐야 한다.

이왕이면 땅을 사기 전에 측량을 해보길 권한다. 땅 주인에게 요구할 수 있는 사항인데 합의해서 비용을 일정 부분 부담하더라도 정확한 땅의 경계를 아는 게 좋다. 땅에 문제가 없다면 땅 주인도 무리 없이 측량에 동의할 것이다. 요즘 서울 강북 등 오래된 구도심의 땅을 GPS로 찍어서 측량을 하면 1미터씩 오차가 생기는 경우가 있다. 이미 집이 다 들어선 땅들인데 1미터씩 옆집 땅을 물고 있는 것이다. 일률적으로 밀린 걸 보면 측량 기준점이 달라져서인 것 같은데 모두 공평하게 밀렸기 때문에 전부 바꿀 수 없으니 그냥 두고 있다. 문제는 맨 끝 집이다. 도로와 접한 끝 집이면 면적이 고스란히 줄어드는 것이다. 서울 강남은 계획 도시이기 때문에 그런 경우가 없지만 강북의 자투리땅을 사려고 한다면 측량해보는 것이 좋다.

또 대지에 면한 도로 폭이 4미터가 안 되는 경우가 많은데, 소방도로 규정에 의해 무조건 도로 중심에서 2미터를 확보해주어야 한다. 즉, 내 땅 옆 도로가 2미터 폭이라면 1미터를 내주어야 하는 것이다. 심지어 막다른 도로로 30미터 이상 된다면 6미터 도로에 면해야 하므로, 신축을 하려면 2미터를 더 내놓아야 한다. 기존의 집을 리모델링할 경우는 괜찮지만 신축을 할 예정이라면 큰 손해가 아닐 수 없다. 도시 지역인데 이상할 정도로 싼 땅이면 이런 경우가 많다. 도시의 땅은 도로 조건을 잘 살펴야 한다.

예전에는 주차가 필수 조건이 아니었지만 이제는 필수 조건이 되었다. 골목이 있는 구도심의 경우 주택은 건축면적이 50제곱미터 이상이면 무조건 1대의 주차 공간 확보(2.5×5미터)가 필요하다. 또한 우리 집이 도로의 마지막 집일 때 3미터의 주차 출입구가 충족되지 않으면 역시 신축 허가가 나지 않는다.

집을 짓는 일은 땅을 사는 게 반이다. 의지가 있다면 좋은 땅을 만나기 마련이다. 집을 짓는 일은 그 자체로 땅에 빚을 지는 것이다. 우리 조상들은 자연을 무척 어려워하고 존중하는 정신을 가졌다. 땅을 만났다면 천천히 다가가는 게 좋다. 땅을 만날 때는 가능하면 시간을 두고 여러 번 가서, 가만히 앉아 바람도 맞고 햇볕도 쬐면서 땅에게 대화를 청한다. 우리가 보는 것은 땅의 껍질뿐이지만 그 속에는 엄청난 층위가 있다. 본다고 다 알 수 없는 땅의 존재와 가까워지기 위해서는 발을 딛고 서서 혹은 앉아서 느껴봐야 한다.

물론 땅은 말을 하진 않는다. 그래도 땅에게 꾸준히 말을 걸어보는 것이다. 땅을 어떻게 이해하고 땅과 어떻게 타협하느냐가 집을 짓는 처음이자 마지막이고 무엇보다도 가장 중요한 일이다. 그래서 신중하게 무리수를 두지 말고 물 흐르듯 자연스럽게 진행해야 한다. 대단한 풍수지리를 들먹일 필요도 없다. 모든 감각기관을 열고 상식적으로 보고 상식적으로 느끼면 된다. 앞으로 나와 집과 삶을 받아줄 땅과 친밀해지는 일은 중요하다. 서두르지 않고 땅이 받아들일 준비가 되었는지 차근차근 살펴보고 구입해도 늦지 않다. 시간을 들이면서 지켜보다가 여기구나, 하는 마음이 들면 어느 정도는 나에게 맞는 땅이라 할 수 있다.

땅 사기 전 체크리스트

● 등기부 등본 확인하기

인터넷등기소(http://www.iros.go.kr)를 통해 거래하는 대상이 토지 실소유주가 맞는지 확인하고, 거주지, 소유 기간, 대출 여부 등 땅의 이력을 알 수 있다.

● 토지이음 홈페이지에서 토지이용계획 확인하기

지목이 전, 답인 경우 집을 지을 수 있는 대지로 변환하기 위해 많은 비용이 들어간다. 토지이음 홈페이지(http://www.eum.go.kr)에 들어가면 지목에 대해 정확하게 표기가 되어 있고 지역, 지구 등을 파악해볼 수 있다. 높이가 제한되는 자연경관지구나 보전관리지역, 자연녹지지역, 계획관리지역, 제1종 전용주거지역 등에 따라 용적률과 건폐율은 물론 지을 수 있는 건물 용도와 제한 사항이 다르다.

● 씨:리얼에서 종합 정보 확인하기

씨:리얼(http://seereal.lh.or.kr/main.do)은 토지이용계획과 공시지가, 등기부 등본, 건축물대장 등을 한꺼번에 확인할 수 있는 사이트이다.

● 도로 조건 확인하기

지적이 정리된 건 불과 몇십 년 되지 않았다. 그전에 지어진 집들은 지적상에 문제가 있어도 이미 살고 있어 문제되지 않았지만, 땅을 구입해 새로 집을 짓는다면 문제에 봉착하게 된다. 내가 산 땅이 도로에 면해 있더라도 혹시 사유지는 아닌지 잘 살펴봐야 한다. 오래전 지어진 집의 땅을 살 때는 개인 도로 부분에 대한 도로사용승낙서를 받을 수 있는 땅인지 꼭 확인해야 한다.

현재는 도로가 없는데 도시 계획 서류에 도로 계획이 있다면 그 땅은 쓸 수 없는 땅이 된다. 지금 땅이 넓어 구입했는데 언젠가 도로를 낼 예정이라고 하면 낭패인 것이다. 미리 해당 지방자치단체에 확인해야 하는 사항이다. 만약 도로 계획선이 지나는 땅에 이미 집이 지어져 있다면 법적으로는 존재하지 못하는 집으로 리모델링해서 쓰는 것은 가능하지만 언젠가 도로가 생길 때는 철거해야 한다.

도로로 지목이 되어 있는 경우는 변경이 불가능한 토지라는 걸 명심하자. 전원주택지를 분양받는 경우 대지와 도로의 비율이 합리적인지 확인해보는 게 좋다. 아무리 내 땅이라도 도로 예정지는 집을 지을 수 없다. 사려는 땅이 집을 지을 수 없는 특수 지목에 속해 있지 않는지 잘 살펴야 한다.

● 측량하기

땅의 경계점을 찾는 일인 측량은 집을 짓기 위해 제일 처음 해야 하는 일이다. 대부분 관할 관청에서 공사를 시작하는 '착공신고' 절차에 반드시 측량 결과를 첨부하도록 한다. 땅을 사기 전 현재의 경계가 실제 지적과 맞는지, 혹 의심스런 부분이 있다면 미리 측량을 하는 것도 좋다. 지적공사에서 실시하는 측량에는 경계측량과 현황측량이 있고, 한국국토정보공사(http://www.lx.or.kr)에 지적측량 의뢰서를 접수해 측량할 수 있다. 측량 날짜가 나오면 인접 대지 소유주와 함께 입회해 확인하는 것이 추후 분쟁의 소지를 줄이는 방법이다.

이 외에 대지의 경사도나 지장물을 조사하는 측량이 있는데 대지가 위치한 지역의 토목업체에서 주로 담당한다. 측량은 농지나 산지를 대지로 전용하는 '개발행위허가'를 위한 토목설계 시에 필요하다.

● 기반 시설 확인하기

수도와 정화조 등의 기반 시설 설치 기준이 지역마다 다른 경우가 많다. 상수도가 없어 지하수를 파기도 하고, 오수관이 없으면 정화조를 묻는 데 따로 비용이 들어가기 때문에 기반 시설의 유무도 확인해두면 좋다.

● 경사도 확인하기

땅의 경사도에 따라 토목 비용이 많이 발생할 수도 있고, 경사도가 너무 급하면 집을 짓지 못할 수도 있다. 가령 경기도 용인시 도시계획 조례에 따르면 처인구와 수지구에서는 평균 경사도가 17.5도 이상일 경우 개발행위허가가 불가하다. 이런 기준이 아니더라도 일단 사람이 오를 때 숨이 찰 정도의 경사라면 여러 가지 조건을 생각해보는 게 좋다. 경사가 진 땅은 평평한 땅에 비해 설계에 좀 더 공을 들여야 하거나 토목 비용이 더 많이 들기 때문이다. 경사진 땅이라고 집을 짓지 못하는 것은 아니다. 지하에 주차박스를 만들어 넣고 그 위로 흙을 덮어 평평하게 만드는 방법도 있고 옹벽을 세우기도 한다. 그게 가장 흔한 방식이지만 경사를 그대로 이용해 집 내부에 높낮이를 두기도 하고, 필로티 공법으로 1층을 비우고 2층부터 지어 자연을 존중하는 집으로 짓는 경우도 고려해볼 수 있다.

미리 알아두어야 할
건축 기본 법규와 용어

언어를 이해한다는 건 부수를 헤아리는 일이다. 건축 기본 법규와 용어를 아는 것만으로 건축이라는 새로운 세상을 훨씬 쉽게 이해할 수 있다. 집을 짓기 위해 알아야 할 건축 기본 법규와 용어에 대해 알아보자.

건축 관련법의 취지는 점점 도시화가 되면서 과밀화되다 보니 크게는 도시의 무분별한 개발을 막고, 가깝게는 이웃한 대지나 도로 등을 침해하지 말아야 한다는 것 때문에 생기는 규제들이다. 집을 짓기 전 꼭 알아야 하는 건 건폐율, 용적률, 일조권 사선제한 등 몇 가지로 좁혀진다.

용도지역지구 토지를 경제적이고 효율적으로 이용하고 공공성을 높이기 위해 도시나 군에서 관리 계획으로 결정하는 것을 용도지역이라고 한다. 용도지역지구에 따라 건축물의 용도, 건폐율, 용적률, 높이 등을 제한한다. 비슷한 면적과 모양의 땅인데 어느 지역, 지구에 있느냐에 따라 지을 수 있는 용도도 달라진다. 한 동네에 바로 붙어 있는 땅인데 한 곳은 상업지역이고 다른 곳은 일반 주거지역이라고 하면, 상업지역은 용적률이 700~800퍼센트까지 나오고 주거지역은 200퍼센트 미만으로 차이가 크다.

건축법, 주차장법, 도시계획조례, 건축조례, 지구단위계획 특히 조례는 지방자치단체별로 약간씩 차이가 있으니 지역 관청에 알아보는 것이 정확하다. 지구단위계획도 기준이 별도로 마련된 경우가 많으니 반드시 미리 확인하자.

대지 경계선에서 1.5미터 이격할 때 9미터까지 수직으로 건물을 올릴 수 있다.
9미터 이상은 기존 일조권 기울기(1:2)에 따른다. 즉 12미터를 올리려면
대지 경계선에서 6미터를 이격해야 한다.

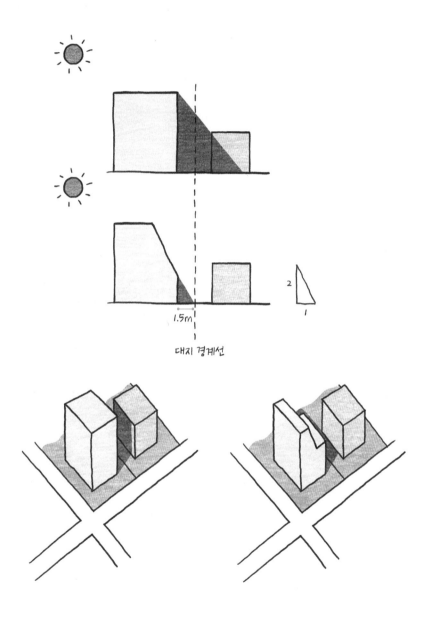

일조권 사선제한 일조권 보장에 대한 제한이다. 해가 남쪽에서 비추면 북쪽으로 그늘이 지기 때문에 대지의 북쪽 방향을 경계로 일정한 거리를 띄워야 한다는 법이다. 그런데 이 법은 약간의 모순이 있다. 집은 남쪽으로 여유를 두는 것이 더 좋은데 사선제한 규제 때문에 모든 집이 북쪽으로 여유를 두게 되기 때문이다. 스탠드에 앉아 경기를 보는데 모두 앉아서 보면 편안하게 볼 수 있는데 몇 명이 일어나면 다 같이 일어나야 하는 것과 같다. 몇몇 신도시에서는 따로 남측으로 일조권을 규제하는 경우도 있다.

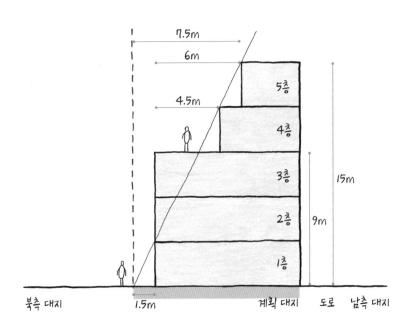

건폐율 땅 위에 한 층을 지을 수 있는 최대 면적이다. 토지의 면적 대비 1층의 면적 넓이라고 생각하면 쉽다. 보통 도시지역은 평균 60퍼센트, 녹지지역은 20퍼센트, 계획관리지역의 건폐율은 40퍼센트이다. 예를 들어 내 땅의 건폐율이 60퍼센트라고 할 때 땅 면적에 0.6을 곱한 만큼 바닥 면적이 허용된다.

용적률 용적률이란 전체 건물의 규모를 정해주는 것이다. 가령 100제곱미터라는 땅의 용적률이 200퍼센트라면 200제곱미터 정도를 지을 수 있다는 것이다. 용적률은 조례에 의해 정해지며, 대지가 속한 지역마다 용적률이 다르므로 설계 전에 꼭 확인해야 한다. 용적률은 대지 면적에 대한 지하와 다락을 제외한 전체 바닥 면적의 합이라고 보면 쉽다. 전원의 주택이 아닌 도시의 경우 임대 사업 등을 생각해 집을 짓는다면 건폐율과 더불어 용적률을 계산해보아야 한다.

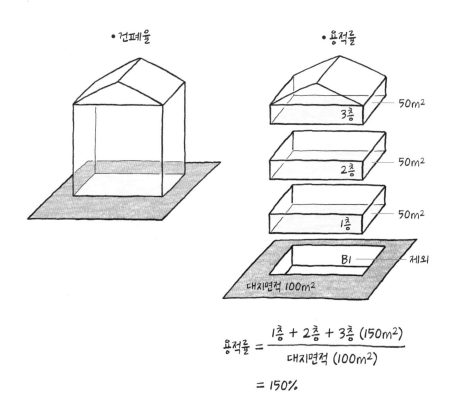

$$용적률 = \frac{1층 + 2층 + 3층\ (150m^2)}{대지면적\ (100m^2)}$$

$$= 150\%$$

건축면적 건물을 위에서 내려다 봤을 때의 면적을 말한다.

연면적 각 층의 면적의 합, 바닥 면적의 합이다. 주차장 면적은 제외된다.

평면도 구조물을 위에서 보고 그린 그림. 지붕을 떼고 위에서 내려다본 모습으로, 보통 바닥에서 1.5미터의 높이를 기준으로 본다(175쪽 참조).

단면도 위에서 아래로 건물을 자른 모습을 보여주는 도면으로, 각 층의 높이와 건물의 전체 높이 등의 정보와 천장과 바닥의 마감 재료 등을 포함해 그린 것이다 (176쪽 참조).

입면도 건축물의 외면 각부의 형상, 창이나 출입구 등의 위치·치수·마감 방법까지 모두 기재된 도면이다(178쪽 참조).

농지법과 산지법 땅의 사용에 대해 규제하는 법규이다. 대지 이외의 '전'이나 '임야' 등을 사면 개발행위허가를 받아야 한다.

3

누구부터 만나야 할까: 설계의 진행 과정

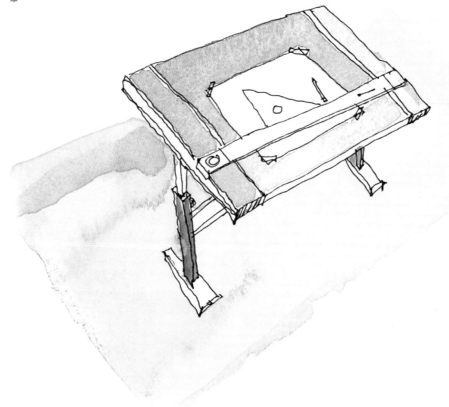

건축가부터 만나야 하는 이유

집을 지을 때는 네 개의 자아가 움직인다. 건축주, 건축가, 시공자 그리고 땅. 이 네 자아를 조율할 수 있는 위치에 건축가가 있다. 건축은 모든 것의 만남이다. 헤아릴 수 없이 많은 만남을 거친 후 한 채의 집이 완성되는데, 건축가는 그 각각의 이질적인 존재들 사이에서 고민에 고민을 거듭한다. 땅과 사람과의 만남을 주선해야 하고 그 만남이 껄끄럽거나 소란스럽지 않도록 조정하는 역할을 맡는다. 결국 건축가란 그런 만남의 기술에 대해 연구하고 성찰하는 사람이며, 커다란 의미에서 일종의 매파 같은 혹은 서로의 마음을 읽어주는 영매 역할을 하는 사람이다.

많은 사람들이 내 집은 내가 짓겠다는 로망을 갖고 있다. 하루에도 열두 번 쌓고 허물던 상상 속의 집을 드디어 짓는데, 이미 머릿속으로 수없이 시뮬레이션을 해본 터라 설계도 충분히 스스로 할 수 있다고 믿는다. 요즘은 관련한 책도 많이 나오고 국내외 할 것 없이 인터넷에 정보도 넘쳐나 불가능한 일도 아니다. 설계비도 아끼고 본인이 원하는 집을 직접 설계하겠다는 시도가 성공하는 사례도 많다.

경기도 양평에서 만난 '결이고운가'는 아내가 집 짓는 과정을 주도하며 설계도 직접 하고 목공을 배워 싱크대와 가구도 직접 짜서 만든 집이다. 3D 프로그램까지 익혀서 수없이 그려봤다는 도면을 보니 따로 교육을 받지 않아도 건축가의 유전자를 타고난 사람이 있다는 걸 새삼 깨닫게 되었다. 🏠〈건축탐구-집〉 시즌 1 '13화 마당 있는 집'

89

다만 모든 사람들이 그런 능력을 갖고 있는 건 아니다. 공간의 구조는 직접 그릴 수 있어도 실제 집을 짓기 위해 필요한 조건이 치밀하게 갖춰져야 하고, 건축 허가를 받으려면 건축가의 도움을 받아야만 한다.

설계는 단순히 이쪽에 문, 저쪽에 방 하는 식으로 공간을 나누지 않는다. 집을 짓기 위해서는 땅을 읽고 바람과 빛과 풍경 등 모든 외부 요인을 고려해 위치를 잡아야 한다. 집을 지을 주인의 성향과 라이프 스타일에 맞는 동선과 공간의 배치도 중요하다. 기둥이나 벽의 위치와 두께, 창문의 모양과 시스템, 계단의 폭이나 길이, 기타 등등 법과 관련된 문제도 전문가의 판단이 필요하다.

몇 년 전 서울 연희동에 집을 지으려는 건축주를 만났다. 작가인 그는 A4 용지 3장을 빽빽하게 채운 요구 사항을 내밀었다. 우리는 숙제를 하듯 하나하나 풀이하며 답안을 작성하기 시작했다. 땅은 커다란 배를 세로로 잘라 세워놓은 듯, 사면 중 도로에 면한 쪽이 뾰족하게 나온 비정형의 땅이었다. 땅에 가서 둘러보며 바람의 방향과 빛의 이동 경로를 살폈다. 북서풍이 불어오는 곳, 남동풍이 부는 방향, 전망이 개방된 곳과 막힌 곳, 태양이 뜨고 지는 위치까지 파악한 후 자연의 축과 도시의 축이 어떻게 교차할지를 그렸다. 직업의 특성상 밖으로 너무 열려 있지는 않되 안에서는 바깥의 일들을 두루 살필 수 있는 시선을 갖는 집이 되는 게 좋겠다고 생각했다. 집의 첫인상을 좌우하는 현관이 접근성은 좋되 외부에 너무 드러나지 않도록 두고, 공용의 공간인 계단을 둘러싸며 주인이 원하는 용도를 배분했다. 건축주는 요구 사항에 대응한 답안지를 단번에 받아들였고, 그 후 일사천리로 일이 진행되었다.

만일 다른 사람이 그 땅에 갔다면 또 다른 계획이 나왔을 것이다. 많은 사람들이 표준화된 아파트 생활을 하며 대부분 평면도에는 익숙하

대지 분석. 집을 설계할 때는 땅과의 관계가 가장 중요하다.
땅이 어떻게 자리 잡고 있는지 파악하고,
땅을 읽은 방법에 따라 설계한 건물이 달라진다.

경기도 영종도에서 삼대가 함께 사는 집. 가족 구성원이
원하는 바를 건축가와 상의하여 하나씩 이루었다. 1층에는
조부모님의 주생활공간이, 2층에는 부부의 공간이 있다.
설계 닥터하우스연구소.

다. 그러나 그것이 입체가 되고 공간과 공간이 서로 연결되고 외부와 관계를 맺기까지 다양한 검토가 되어야 한다는 것은 간과하는 경우가 많다. 특히 땅과의 관계가 가장 중요한데, 건축을 전공할 때 대학에서 처음 배우는 것도 땅을 분석하는 것이다. 건축가가 설계한 건물과 주인이 직접 설계한 건물이 가장 다른 부분도 땅을 어떻게 읽었는가 하는 부분이다.

경기도 영종도에 부모님과 자녀 등 삼대가 함께 사는 집이 소개된 〈건축탐구-집〉 에피소드에서는 김동희 건축가와의 만남과 집이 지어지기까지 1년여의 과정을 보여준다. 건축주가 건축가를 찾아가 땅을 보여주자 건축가는 땅의 장점을 설명하며 복잡한 각 가족 구성원의 요구 사항을 하나하나 해결한다. 아파트에 살면서 각자 가지고 있던 불만을 새로운 집에서 해소해가는 과정이 담겨 있다. 🔖 〈건축탐구-집〉 시즌 3 '28~29화 집짓기 프로젝트 1-2부 365일간의 기록'

TIP

건축설계사는 잘못된 호칭

건축가를 간혹 '건축설계사'라고 부르는 경우가 있는데 이는 정확하지 않은 명칭이다. 원래 건축물의 설계와 감리는 면허를 가진 '건축사'만 가능하며, 건축사 자격 등록을 마친 사람만이 건축사 사무소를 개설할 수 있다. 건축사와 건축을 전공한 대학교수 등 건축 전문가를 아울러 '건축가'라고 부른다.

나와 맞는 건축가 찾기

집을 짓기 위해 정보를 얻고자 건축 박람회 등을 찾았다가 시공 전문 업체를 만나 집을 짓는 경우가 많다. 그런데 시공업체에 일을 맡겨도 결국 설계와 인허가를 위해서는 건축사 자격증이 있는 건축가가 필요하다. 집을 짓기 위해서는 건축 허가(또는 신고) 등 여러 절차를 거쳐야 하는데, 도면을 작성해 땅의 인허가부터 사용 승인까지 모든 절차의 책임을 지는 게 건축사의 일이다. 건축사의 설계가 있어야 가능하도록 법으로 정해져 있기 때문에 관련 서류는 절대로 건축주 개인이 직접 할 수 없다. 몇 몇 지자체의 경우 따로 설계를 하지 않고도 집을 지을 수 있도록 표준 설계도를 비치해두고 있지만, 별로 추천하고 싶지 않다.

간혹 건축사 없이 집을 지었다는 건축주도 있다. 시공사가 대행해 건축사한테 의뢰했기 때문에 만나지만 못했을 뿐 분명 건축사의 품이 들어 있을 것이다. 집을 짓는 과정에서 시공사가 설계 과정을 건축주에게 따로 보여주지 않더라도 허가가 쉽도록 몇 가지 타입으로 미리 만들어놓은 도면으로 진행하곤 하는 것이다.

직접 건축가에게 의뢰해 설계하는 게 맞춤옷을 지어 입는 것이라면 시공사의 만들어진 설계로 짓는 건 기성복을 사서 입는 것과 같다. 기성복을 사더라도 그 옷을 디자인한 디자이너가 어딘가에 존재하듯 건축가가 직접 관여하지 않았다 해도 어떤 집이라도 그 일을 담당한 건축사가 있다. 몸에 맞는 옷을 지어 입고 싶다면 건축가를 직접 만나는 게 좋지만, 시간이 너무 급하고 당장 새 옷을 마련해야 한다면 이미 샘플 도면을 가진 시공사를 만나는 방법을 선택할 수 있다.

집을 포함해 모든 건물은 안전한 공간이어야 한다. 나라에서 건축사라는 자격을 통해 책임과 의무를 지운 이유이다. 이를 적극 이용해야 한다. 전문가들은 내가 모르는 것, 혹 놓칠 수도 있는 것들을 찾아주고 그 해답과 해결책을 줄 것이다. 설계를 통해 미처 생각하지 못했던 아이디어들을 구현하고, 적당한 재료를 선택해서 예산에 맞게 집을 짓는 데 도움받을 수도 있다.

집을 짓는 일은 프로세스가 정말 중요하다. 집을 짓다 말고 가구부터 넣을 수는 없는 일이다. 골조를 치고 지붕을 얹고 마감과 인테리어를 마쳐야 가구가 들어간다. 옷을 입고 단추를 채워야 하는데 단추부터 채우려 하면 안 된다는 말이다. 순서대로 차근차근해야 비로소 끝이 나는데 집을 짓고 싶은 사람들 중 프로세스에 관심이 없는 사람들이 많다. 어떤 집을 지을지 정하지도 않았는데 싱크대와 조명부터 결정한다. 이럴 때 건축가는 시간과 비용을 아끼고 효율적으로 일할 수 있도록 순서를 요령 있게 잘 전달해준다.

건축가는 환등기의 역할을 한다. 주인의 생각을 입력하면 그것을 실제로 만들어 벽에 비춰준다. 요즘은 집에 대한 높은 관심을 반영하듯 다양한 매체를 통해 집들과 그 집들을 설계한 건축가들을 쉽게 찾을 수 있다. 좋은 건축에 대해 고민하는 사람들이 많아지면서 취향에 따라 건축가를 선택하는 시대가 되었다. 우리나라에도 드디어 건축가라는 직업에 대한 인식이 생긴 듯하다. 이제부터라도 건축가의 역할을 잘 활용해 좋은 집들이 지어지고, 더 나은 건축 문화가 형성되길 바라는 마음이다.

집은 사람과 땅이 함께 꾸는 꿈이다. 건축가는 그 꿈에 닿기 위한 튼튼한 다리의 역할을 한다. 집을 짓는다는 건 다리 없이 건너기에 너무

험하고 먼 길이다. 건축가와 동행함으로써 좀 더 안전하게 꿈에 도달할 수 있기를 바란다.

건축가를 만나려면 어떻게 해야 할까? 그리 어렵지 않다.

• 저 집의 건축가는 누구인가? 매체를 통해 찾기

포털 사이트나 잡지나 텔레비전 등을 보다가 마음에 드는 집이 있다면 설계한 건축가를 찾아가보자. 대부분의 건축사 사무소에서는 문의 전화를 환영한다. 어려워하지 말고 전화해서 상담 약속을 잡도록 한다. 홈페이지가 있는 건축가라면 사이트를 둘러보고 지은 집과 나의 성향이 맞는지 사전에 확인해보자.

• 나와 말이 통하는가?

원하는 바를 이야기할 때 말이 잘 통하고 서로 이해가 잘되는 건축가를 찾자. 간혹 어려운 용어가 나온다면 주저하지 말고 뜻을 물어보고 생각을 잘 나눌 수 있는지 판단해본다.

• 철학과 가치관이 잘 맞는가?

의식주에서 음식이나 옷에 대해 생각해보면 다양한 기호와 스타일이 있듯 건축도 마찬가지다. 외향을 중시하는지 공간을 꼼꼼하게 구성하는 것을 중시하는지 서로의 취향을 조율할 수 있는지 이야기를 나누면서 확인해본다.

● 설계와 감리를 함께 맡길 수 있는가?

설계한 도면대로 집을 짓도록 조정하는 것이 '감리'다. 설계자가 직접 감리하는 것이 건물의 완성도를 높일 수 있으므로 가능하다면 설계와 감리를 함께 맡기는 게 좋다.

4

누가 내 집을 지어줄까:
시공에 대한 진실

시공사와 왜 문제가 생길까

즐겁게 설계를 하고 공사를 시작하면, 술술 문제없이 짓는 경우도 있지만 이런저런 복잡한 일도 겪게 된다. 설계하고 집을 짓기까지 짧게는 6개월 길면 1년이 걸리는데 이 중에서 설계를 구현하는 시공업체의 역할에 대해 오해와 두려움도 많은 게 사실이다.

실체 없이 떠도는 전설처럼 여기저기 집 좀 지어봤다는 사람들에게서 나오는 탄식과 불신의 화살은 주로 시공사를 향한다. 공사비가 약속과 다르게 터무니없이 높게 나왔다거나, 대금을 받고 자재상에 결제를 하지 않아 이중으로 돈이 들어가 낭패를 봤다던가, 재료를 빼돌렸다거나 몰래 단가가 낮은 것으로 바꿔서 공사를 해놓았다던가, 초보 일꾼들을 데리고 일해서 마감이 엉망이었다는 등의 한탄과 증언은 시작하기 전부터 겁을 먹게 만든다.

이 이야기들은 반은 맞고 반은 틀리다. 건축주와 시공사 각자의 입장이 다를 수 있기 때문이다. 시공사 입장에서 추가 비용으로 산정했는데 건축주 입장에서는 원래의 견적에 포함된 금액으로 생각할 수도 있고 반대의 경우도 있다. 대부분의 문제는 계약서에서 시작된다. 계약서를 어떻게 작성하느냐는 어떤 업체를 선정하느냐보다 더 중요하다. 그러니 시공업체를 고를 때 계약서를 잘 살펴봐야 한다. 다른 업체에 비해 너무 저렴한 가격으로 제출하는 견적서는 언뜻 혹하기 쉽지만, 결국 나중에 여러 추가 비용이 들기 마련이니 무조건 시세보다 싼 견적서를 가져온 업체는 경계하는 게 좋다.

집을 짓다가 시공사와 생기는 가장 큰 문제는 두 가지로 나뉜다. 추가 공사비가 올라가는 문제와 계약대로 스펙이 따라가지 않는 문제이다. 추가 공사비는 계약서로 인해 가장 흔하게 생기는 문제다. 이 문제를 차단하기 위해서는 처음부터 모든 걸 계약서에 집어넣어야 한다. '대충 알아서 해주세요', '서비스 해드릴게요' 같은, 어디까지가 알아서이고 어느 것이 서비스인지 모호한 말로 얼버무리고 시작하면 안 된다. 재료, 마감, 사양, 인건비, 공사 기일, AS 범위와 기간까지 정확히 정리해야 한다.

시공 계약에서는 당연히 견적서와 도면을 함께 첨부하는데, 도면에는 가구 설치와 토목 관련 사항까지 전부 명기해야 한다. 제대로 된 견적서에는 최소한 10가지 이상이 되는 공사 종류별 금액이 명기되고 자재비와 인건비의 세부적인 금액까지 촘촘히 들어 있다. 자재는 내외부 벽체 마감, 창호, 마루, 타일 등 부위별로 수십 가지가 있고 인건비 기준도 범위가 크다. 정확하게 얼마만큼의 가격에 어떤 것을 할 건지 명시하지 않으면 나중에 잡음이 생기기 마련이다. 제품 스펙과 가격까지 정확히 계약서에 기재해야 한다.

가끔 원래 정해두었던 자재가 품절되어서 비슷한 다른 제품으로 구해야 하는 경우도 생긴다. 그럴 경우 원래 견적서에 있던 금액을 기준으로 정하거나 가격이 달라질 경우 차액을 지불하면 된다. 처음에는 그렇게 발생하는 비용이 그리 크지 않게 느껴지므로 바로바로 정리하지 않고 넘어가면 눈덩이처럼 불어나 감당할 수 없는 금액이 된다. 건축주도 시공사도 '웬만하면 변경은 없다'라는 마음으로 처음부터 빠진 부분 없이 체크하는 것이 좋다.

두 번째로 많이 발생하는 문제가 계약한 대로 시공되지 않는 것이다. 이것 역시 너무 싸게 계약을 했을 경우 생긴다. 인터넷에 대부분의 자재 가격이 공개되어 있어 노골적으로 자재를 속이고 시공하는 일은 드물다. 다만 공사 과정에서 기본 매뉴얼을 지키고 꼼꼼하게 시공하면 하자를 줄일 수 있는데, 비용을 아끼기 위해 경험이 없는 기술자를 투입해 대충 공사를 하는 바람에 문제가 생기는 것이다.

가끔 집을 엄청 싸게 지었다며 자랑하는 분들을 만난다. 기성품을 싸게 산다면 그건 확실한 이익이다. 핸드폰이나 냉장고는 인터넷을 뒤져 같은 모델을 가장 싼 가격에 살 수도 있다. 가격이 달라도 품질은 같다. 후속 모델이 계속해서 쏟아지는 공산품들은 재고 관리 차원에서 같은 제품도 유통사마다 다른 금액이 책정되기도 한다. 그러나 내 집은 세상에 단 하나뿐이다. 숙련공부터 어제 막 일을 시작한 초보까지 기술자의 일당도 천차만별이다. 숙련도에 따라 결과물이 달라지는 건 당연한 이야기다. 이러면 시공사 입장에서는 가격만큼 해줬다고 말하고 건축주는 사기를 당했다고 생각하게 된다.

계약서에는 편법이 없어야 한다. 나라에서 정한 표준 계약서에 부가세 항목이 있는데, 부가세 10퍼센트를 내지 않으려고 도급(시공사에 공사를 맡기는 방식)이 아닌 직영(직접 공사를 하는 방식)으로 계약을 할 경우 공사의 책임자로 건축주 본인의 이름만 남게 되고, 나중에 책임을 물을 대상이 불분명해진다. 예를 들어 3억에 공사를 하기로 하면 거기에 부가세 10퍼센트가 더해져 3억 3천만 원이 실제 계약금액이 된다. 3천만 원은 개인에게 엄청 큰 돈이다. 건축주 입장에서 그 비용이면 다른 걸 더 할 수 있다는 생각이 들어 시공업체와 합의를 보는 것이다. 공사의 문제점이 나올 경우에 대비해, 어떻게 보수할지 구체적인 방법 등을 미리 계약서에 명기해야 한다.

나와 잘 맞는 시공업체 고르는 방법

어떻게 해야 나와 잘 맞는 시공업체를 만나 즐거운 집 짓기를 할 수 있을까? 시공업체를 선정할 때 무엇보다 이 회사가 실적을 유지하고 있는지 확인하는 것이 가장 중요하다. 좋은 시공업체를 만나는 건 매우 중요한 일이지만, 좋은 시공업체가 되게 하는 것도 역시 중요하다. 집 짓기의 뒷얘기 중에는 건축주에게 잔금을 받지 못한 시공사의 이야기도 존재한다.

계약서상에 하자보수 기간을 명시하고 하자보증증권을 발행하는 방법도 있는데, 가장 좋은 안전장치는 믿음이다. 신중하게 시공사를 고른 다음 서로 신뢰를 주고받으며 집을 지으면 된다.

● 실적이 확실한 시공사

기존에 지은 집들을 확인할 수 있고 건축주에게 좋은 평판을 받은 시공사.

● 건축사 사무소에서 소개받은 시공사

시공사를 고를 때 보통 주변이나 지인들에게 소개를 받기도 하고, 건축 설계를 맡긴 건축가에게 의뢰하기도 한다. 건축가와 꾸준히 작업하는 시공업체는 평판과 결과를 중시하는 경향이 있어 건축주의 부담이 훨씬 덜어진다.

● 재정 상태가 양호하고 비전이 있는 시공사

공사비는 보통 공사가 선행된 후 추후에 지급하는 경우가 많아 시공사의 재정 상태가 매우 중요하다. 주택을 시공하는 건설사는 소규모가 많은데, 공사가 끝날 때까지 여유 있게 자금을 운용할 수 있는 회사인지, 오랫동안 일을 해왔고 앞으로도 계속해 나갈 곳인지가 중요하다. 집을 짓고 나서 시공사가 문을 닫는다면 AS를 받을 수 없어 비용도 크게 들지만, 직접 지은 시공사 담당자가 문제의 내용을 가장 잘 파악할 수 있기 때문이다.

● 건축명장에 선정된 시공사

해마다 건축가 단체에서 건축가들의 추천과 심사를 거쳐 공정하게 20여 곳의 '건축명장'을 선정한다. 재정이나 사후 평가가 나빠지면 이미 선정된 시공사라도 명단에서 빠지기도 한다. 해마다 연말쯤 명장 리스트가 담긴 책자가 나오는데 각 서점에서 구할 수 있다. 이 책에는 선정된 기업들의 주요 작품과 개요 등을 살펴볼 수 있어 시공사 선택에 도움이 된다.

● 외주업체 유지 관리가 잘되는 시공사

시공업체 몇 군데를 선정했다면 외주업체와의 관계를 살펴보고 결정하는 것도 방법이다. 시공은 건설사 자체의 인력보다 전문 분야의 외주업체들과 헤쳐 모여 작업을 한다. 시공업체가 중심이 되어 나의 프로젝트를 여러 전문가와 함께하는 것이다. 외주업체와 오랜 관계를 맺고 있다면 어느 정도 검증되었다고 볼 수 있다.

• 견적서와 계약서를 성실하게 작성한 시공사

계약서는 아무리 강조해도 모자라지 않는다. 세부 사항들을 꼼꼼히 적어 넣고 견적 조건을 까다롭다 싶게 정리한 견적서가 있어야 한다. 내역에서 빠진 부분들 때문에 분쟁이 생기기 때문이다. 금액이 조금 비싸더라도 합리적이고 정직하게 작성한 견적서가 서로의 신뢰를 유지시켜준다.

• 홈페이지가 있거나 시공 중인 현장 견학이 가능한 시공사

괜찮은 시공사들은 홈페이지나 책자 등을 통해 그간 지은 집들을 홍보하는 자료를 가지고 있다. 그런 자료도 참고하고 가능하다면 한두 군데 정도 견학이 가능한 시공사라면 좀 더 믿을 만하다. 〈건축탐구-집〉의 시청자 중에서도 방송에 소개된 집을 방문하고 싶다는 경우가 있는데, 주택의 특성상 일단 입주하고 나면 주인들이 집을 타인에게 공개하길 꺼린다는 걸 염두에 두자. 짓고 있는 현장에 입주 전의 견학이라도 가능한 업체라면 신뢰감이 깊어진다.

5

어떤 집을 지어야 할까:
집의 구조와 공사 과정

땅을 구입해 나에게 맞는 설계를 했다면 드디어 생각이 현실로 구현되기 시작한다. 어떤 재료를 가지고 어떤 형식으로 지을지 규모와 쓰임을 정해 도면으로 그리는 것이 설계이고, 도면을 바탕으로 공사의 계획을 세우고 실행하는 것이 시공이다.

설계를 맡겨 도면이 나오면 해당 지역의 허가권자인 관청에 신고하고 허가를 받는 작업을 한다. 허가를 받았다면 특별히 주의해야 할 사항이 있는데 허가 기간이다. 건축 허가 유효 기간은 1년이고, 1년 연장이 가능하다. 허가 후 2년 이내에 착공하지 않으면 허가는 무효가 된다.

공사는 건축행정시스템 세움터(http://www.eais.go.kr)에서 설계자, 감리자, 시공자 인증을 한 뒤 진행된다. 설계자와 감리자는 건축가의 역할이고, 시공자는 시공 계약을 한 업체이거나 직영의 경우 건축주 본인이 된다.

집의 건축 구조 결정하기

집을 짓는 뼈대는 크게 두 가지다. 목구조와 철근콘크리트 구조인데, 보통 설계를 진행하면서 공간의 구성에 어울리는 구조를 결정하기도 하고, 기호에 따라 처음부터 결정하기도 한다. 다양한 외장재를 구조와 상관없이 취향에 맞게 사용하는 요즘은 외관만으로 구조를 짐작하기는 쉽지 않다.

목조 주택은 뼈대가 나무로 된 집이고 콘크리트 주택은 뼈대가 철근콘크리트로 된 집이다. 각자의 장단점이 있어 어떤 구조가 좋다고 꼬집어 말할 수는 없다. 목조 주택은 보통 경량목구조로 콘크리트 주택보다 공사 기간이 짧다. 콘크리트 기초에 목재로 골조를 세우고 그 사이에 단열재를 채운 형식의 집이다. 한옥처럼 굵은 기둥으로 골조가 된 목조 주택은 중목구조(Post & Beam)라고 부르며 경량목구조에 비해 시공비가 비싸다.

콘크리트 구조는 목조에 비해 좀 더 다양한 디자인을 할 수 있다. 넓은 창이나 필로티, 루프탑으로 사용할 수 있는 평지붕 옥상 등의 구현이 가능하기 때문이다. 튼튼하고 모던한 느낌을 주는 콘크리트 구조의 집은 틀을 세우고 콘크리트를 부어 굳히는 양생 기간이 필요해 시공 기간이 목조 주택에 비해 긴 편이다.

경골목구조 목조 주택. 경골목구조는 2×4인치, 2×6인치
등의 목재를 일정한 간격으로 연결해서 틀을 짠 다음,
합판으로 벽을 세워 만드는 구조로, 서양 목조 주택의
기본 구조이다. 하온이네 집. 설계 가온건축.

사진 ⓒ박영채

중목구조 목조 주택. 중목구조는 가로 세로
100밀리미터 이상의 두께가 있는 목재로
기둥을 세우고 보와 서까래를 얹는다. 내부에
구조재가 드러나게 시공하는 경우가 많다.
양산주택. 설계 가온건축.

콘크리트 주택.
요산요수.
설계 가온건축.

사진 ⓒ박영채

건축 공사의 세부 공정

몇백 년을 살아낸 오래된 집들을 보러 가면 여전한 풍채에 놀란다. 온갖 비싸고 좋은 것들로 치장한 현대건축의 기세에 전혀 밀리지 않는 품격이 있다. 세월의 풍파 따위 우습다는 듯 단단하게 버티고 선 모습을 볼 때마다 잘 '지은' 집이란 바로 저런 것이겠구나 싶다. 깊은 시간의 강을 건너 인간 세상의 복잡하고 어지러운 역사를 지나 오랜 세월을 버텨온 집, 그런 집을 앞으로도 지을 수 있을까, 그런 집을 어떻게 해야 지을 수 있을까. 아래와 같이 집 짓기의 순서를 따라가보자.

● 측량

측량을 해서 대지 경계를 확인해야 한다. 보통 대지 경계선에서 띄어야 하는 거리가 정해져 있기 때문에 오차가 생기면 안 된다. 보통 이웃한 대지의 주인과 함께 입회하는 경우가 많다.

● 터 잡기

경계를 정확하게 확인한 땅 위에 집 지을 터를 잡는 일이다. 대지 위에 설계 모양대로 건물이 올라갈 공간을 금을 그어 표시한다. 설계와 현장의 상황이 차이가 생기는 경우도 있어서 신중하게 터를 잡아야 한다. 나무 말뚝을 박아 실을 연결해놓기도 하고 횟가루를 뿌려 운동장에 달리기 선을 그리듯 금을 긋기도 한다. 공사하는 사람들은 터 위치를 기본으로 하기 때문에 오차 없이 정확히 해야 한다.

● 기초 앉히기

기초가 중요하다는 건 아무리 강조해도 지나치지 않다. 옛날 선조들도 땅을 파고 여러 번 다져서 기초를 앉혔다. 조선시대에 세 자 정도 팠으니 지금으로 치면 약 1미터다. 이는 지금도 유효한데 동결심도, 즉 땅이 어는 점까지가 대략 1미터 정도이기 때문이다. 동결심도까지 땅을 파는 이유는 땅의 지표면이 기온에 따라 얼고 녹는데, 그런 변화에 영향을 받지 않아야 하기 때문이다. 이를 지키지 않으면 기초가 조금씩 움직일 수 있다. 동결심도는 지방마다 달라서 서울은 1미터, 서울 위쪽인 강원도 철원 등은 1.2미터, 대전은 60센티미터, 혹한이 없는 경상남도와 제주는 없다. 예전엔 반드시 지켰지만 지금은 강제 규제 사항이 아니다 보니 지키지 않고 대강 집을 짓기도 하는데 위험한 일이다. 아무리 반듯하게 잘 맞춰 지어도 지면이 계속 움직이면 집에 문제가 생긴다. 가령 어느 날부터 화장실 변기 뚜껑이 자꾸 내려온다거나 문이 완벽히 닫히지 않는다거나 벽에 실금이 가기 시작한다.

집 지을 땅의 동결심도만큼 파면 기둥들이 땅에 꽂힐 때 땅 주변으로 하중을 보내줘야 하기 때문에 바닥을 먼저 깔며 기초를 잡는다. 이때 바닥에 콘크리트를 부어 하는 걸 '매트기초' 혹은 '방석 깐다'고 한다. 다른 방법으로는 기둥을 세워놓는 독립기초, 줄기초 등이 있는데 개인주택 현장에 가장 많이 쓰이는 건 매트기초이다.

땅을 파고 비닐—버림콘크리트—배근—콘크리트 등의 순으로 공사한다. 배수·급탕·냉방·난방·가스 공사용 관인 배관과 전기 설비 등을 넣고 콘크리트를 붓는데, 설계대로 빠짐없이 잘되었는지 여러 번 확인해야 한다. 잘못될 경우 콘크리트를 다시 파서 넣어야 해서 시간은 물론 비용 면에서도 손해가 크다.

터 잡기. 경계를 정확하게 확인한 땅 위에 집 지을 터를 잡는다.

기초 앉히기. 매트기초한 바닥에 콘크리트를 붓는다.

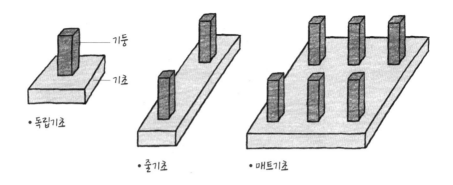

• 독립기초   • 줄기초   • 매트기초

기둥
기초

　　지하를 파는 경우 이미 동결심도 이하로 내려가기에 따로 더 파지는 않는다. 다만 습기와 결로에 대한 방습 대책으로 보온밥통처럼 바닥과 벽에 한 겹 더 공기층이 지나가는 공간을 만드는 작업을 해야 한다. 내부가 좁아진다는 단점이 있지만 지하를 이용할 목적이라면 필수적으로 해야 하는 공법이다.

　　경기도 가평에는 경사진 땅을 그대로 살려 기둥으로 기초를 세워 지은 집이 있다. 땅의 구조에 맞춰 경사에 기둥을 노출해 기초를 세웠는데, 사각형으로 짠 기둥 사이사이를 엑스 자로 묶은 브레이스(brace) 작업을 해 흔들림을 잡아주었다. 보편적으로 매트기초를 이용하지만 이렇게 융통성 있게 기초를 세워 특별한 집을 완성할 수 있다. 무엇보다 땅을 존중해 지은 집이라는 점에서 가치가 있다. ▶〈건축탐구-집〉 시즌 3 '15화 황혼의 집, 비탈에 서다'

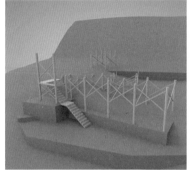 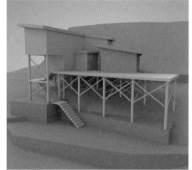

경사가 진 땅 위에 기둥을 세운 경기도 가평 집. 기둥 사이를 엑스 자로 묶은
브레이스 작업을 해서 튼튼하게 만들었다. 설계 가와종합건축사사무소.

● 골조 공사

○ 목조 공사

바닥 기초가 끝났다면 벽 세우기를 시작한다. 바닥 기초를 중심으로 외벽과 지붕까지 지지할 뼈대를 세우는 게 골조 공사다. 목조는 치수대로 가공해서 조립하면 되므로 콘크리트 공사에 비해 기간이 훨씬 짧다. 골조 공사가 끝나면 상량식을 하는데, 옛 풍습이지만 앞으로 남은 공사를 무탈하게 잘 마치자는 의미로 아직까지 지켜서 하는 집들이 많다.

○ 콘크리트 공사

기둥이나 벽, 바닥 배근(철근을 배열)을 하고 거푸집을 덧대 틀을 만들고 그 사이에 콘크리트를 부어 굳힌다. 한 층을 해서 굳으면 그다음 층을 하고 굳으면 다음 층을 하는 식이다. 원칙적으로 콘크리트를 붓고 난 후 양생 기간은 한 달이다. 양생은 콘크리트 치기가 끝난 다음 온도, 하중, 충격, 오손, 파손 등의 영향을 받지 않도록 충분히 보호 관리하는 것을 말한다. 그래야 콘크리트의 강도가 제대로 나온다. 급결제 등을 사용해 서둘러 2~3주 만에 해버리기도 하는데, 아주 급하지 않다면 시간을 두고 제대로 양생하는 것이 좋다. 집을 지을 때 하루라도 빨리 새집을 만나고 싶은 마음이 있겠지만 절대 무리하게 시간을 당겨서는 안 된다. 밥을 익히려면 뜸을 충분히 들여야 하듯 집의 완성에도 시간이 필요하다.

● 창호 공사

뼈대 공사가 마무리 되면 창호를 끼운다. 이때 장호의 크기는 골조 공사 후 실측해서 가급적 오차가 없도록 주문한다. 창문과 벽이 만나는 부분의 마감을 얼마나 정교하게 하느냐에 따라 단열 효과가 달라지므

콘크리트 공사. 외벽에 거푸집을 덧대어 틀을 만들고 그 사이에 콘크리트를 부어 굳힌다.

창호 공사. 창호는 오차가 없도록 주문해야 하고 창문과 벽이 만나는 부분의 마감을
정교하고 꼼꼼하게 해야 한다.

로 꼼꼼하게 살피도록 한다.

● 단열 공사

단열재를 내부에 붙이고 인테리어 마감을 하면 내단열, 외부에 붙이고 외장재 마감을 하면 외단열 방식이라고 한다. 지역마다 정해진 두께와 기준이 다르므로 허가받은 조건에 맞게 시공해야 한다.

● 실내 목공사

창호가 끼워지면 내부 인테리어 마감 작업 차례가 된다. 내부 벽면을 깨끗하게 만들어 도배나 도장(칠)이 쉽게 되도록 석고보드를 붙이는 작업을 하면서 문틀, 계단, 붙박이 가구 등을 설치하는 작업이다. 이때부터 현장에서 여러 공정이 한꺼번에 진행되기 때문에 정신이 없어진다. 미처 챙기지 못하고 지나가는 일이 없도록 모두 정신을 바짝 차려야 한다.

● 미장·조적·방수 공사

화장실 등의 방수 공사를 마치고 칸막이가 필요한 부분은 벽돌을 쌓는 조적 공사를 한다. 마무리는 시멘트로 면을 고르는 미장 공사, 타일 공사 등을 진행한다. 욕조와 세면대 등의 배치는 제일 마지막인데 다시 바꿀 수 있는, 움직일 수 있는 것들을 배치하는 것이 가장 마지막 작업에 속한다.

● 외장재와 지붕 공사

벽돌, 목재, 사이딩 등 다양한 외장재를 붙이고 지붕재를 시공한다. 옥상이 있는 평지붕일 경우 방수 공사가 더욱 중요하다.

주방 타일 공사. 바닥재를 붙인 후 싱크대나 수납장 등을 설치한다.

내부 인테리어 마무리 공사. 바닥재를 깔고 고정되는 가구를 설치한다.

● 수장(修粧)과 가구 공사

마루 등 바닥재를 붙인 후 주방 가구, 신발장, 붙박이장 등을 제자리에 배치하고 수전 설치, 조명 공사 등이 내부 마무리 공사에 해당한다. 집에 필요한 모든 것들이 들어오는 시기이다.

● 외부 마무리 공사

주차장과 담장 공사, 정원과 조경 공사 등까지 해야 집 짓기가 마무리된다.

크게 분류했지만 세부 공사 과정을 따져보면 집을 짓기 위해 거치는 단계는 15가지가 넘는다. 이렇게 집을 짓는 데 6개월 정도의 기간을 잡는다. 설계 6개월에 공사 6개월까지 총 1년 정도로 생각하는 게 좋다. 설계하는 데 무슨 시간이 그렇게 많이 드는가 싶겠지만, 집을 지을 수 있도록 각종 허가를 받아야 하는 기간이 보통 한 달에서 두 달 정도 걸린다. 설계 기간을 6개월 잡아도 처음 의뢰를 받고 의견을 나눈 뒤 스케치를 하며 결정하기까지 4개월의 시간이 있는 셈이다. 원하는 게 분명한 사람이 있고, 정확히 모르는 상태에서 오는 건축주도 있기 때문에 시간이 넉넉할 수도 있고 부족할 수도 있다. 설계의 단계는 보통 계획하고 구상하는 기본 설계 단계와 구조, 전기, 설비 등 각 분야의 전문가들과 함께 자세한 설계를 하는 실시설계 단계로 구성되는데, 이때 문제가 없는지 피드백을 받는 시간도 포함된다.

실시설계 단계는 공사에 실제 적용될 세부적인 도면도를 그려야 하므로 너무 서두르면 안 된다. 기초가 튼튼해야 흔들리지 않는다고 했는데 기초 중의 기초가 설계다. 오랜 시간 동안 공을 들여 설계하면 미리 충분히 체크할 수 있기 때문에 추가 공사나 추가 비용 등이 발생할 소지를 줄일 수 있다. 도면은 잘 그린 지도와 같다. 지도가 있으면 안전하고 빨리 효과적으로 목적지까지 찾아갈 수 있다. 지도 없이 감에 의존해 길을 찾는다고 상상해보자. 길을 잃기 쉽고, 어떻게 목적지를 찾아간다 하더라도 시간이 오래 걸리고 비효율적이다. 정확하게 안내하는 지도를 만들고, 지도가 알려주는 방향을 지키면서 가는 여정이라면, 원하는 곳에 힘을 덜 들이고 빨리 도달할 것이다.

우리나라 법규에서 정해놓은 기준은 매우 강력하다. 그 기준을 맞춰 공사하면 크게 문제될 것이 없는데, 종종 예전의 경험치를 토대로 대강 넘어갈 수 있다고 생각하는 경우가 있다. 관계자들 모두 매뉴얼을 지키고 도면대로, 약속한 대로, 계약한 대로 집을 짓겠다는 믿음과 교감이 가장 중요하다.

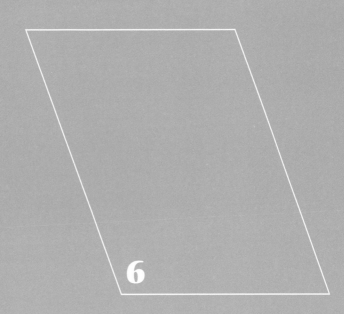

6

집을 짓는 데 얼마나 들까:
집 짓는 비용

싸고 좋은 집은 없다

집 짓기를 계획하는 모든 사람이 가장 궁금해하는 것은 결국 '얼마가 들 것인가'이다. 20여 년 전 처음 사무소를 개업할 때만 해도 목조주택의 경우 1억 정도면 30평 규모에 기본 마감을 한 주택을 지을 수 있었다. 지금은 같은 예산으로 20평 규모의 집도 짓기 어렵다. 특히 코로나19 이후 재료비와 인건비 등이 무척 올랐기 때문이다. 수도권인지 도서지역인지, 목조인지 콘크리트 구조인지, 신혼집인지 세컨드하우스인지, 지역도 재료도 규모도 다르고 설계도 없는 상태에서 예산을 가늠하기가 어렵다.

흔히 시공비를 '평당 얼마'냐고 묻곤 한다. 예를 들어 30평 주택을 짓는 데 평당 7백만 원이 든다고 하면 총 예산이 2억 원 정도가 된다. 이건 보통 정말 '집만' 짓는 비용이다. 싱크대와 가구 등은 별도, 토목과 주변 공사 미포함 등 빠진 것을 따지다 보면 자동차 옵션이 늘듯 이런저런 비용이 늘어나곤 한다. 게다가 집의 규모가 20평 이하면 평당 비용이 올라가고 50평 이상이 되면 평당 비용은 내려간다. 작은 집이라도 주방이나 화장실, 보일러실 등등 모든 기능이 필요하고, 작다고 해서 집 짓는 기간이 줄어드는 것도 아니기 때문이다. 제대로 된 견적은 대충 뭉뚱그려 평당 얼마로 딱 떨어질 수 없다. 원칙적으로 집의 배치나 형태, 창호의 규격이나 종류, 마감재의 종류와 품질, 조명과 싱크대, 옷장 등의 가구 등 집을 구성하는 요소들이 어느 정도 정해져야 수량과 인건비 등을 측정해 정확한 견적을 낼 수 있다.

그래서 누군가가 집 짓는 데 얼마가 드냐고 물으면 예산이 얼마냐고 되묻는다. 비슷한 규모의 집을 어떤 사람은 2억, 어떤 사람은 1억, 간혹 어떤 사람은 몇천만 원이라고 이야기한다. 그러면 그 예산으로 할 수 있는 재료 등을 조사해 방향을 정한다. 구조를 정하고 재료를 정하고 그다음에 예산 내에서 공사할 수 있는 시공자를 섭외한다. 재료만 봐도 목조 주택 외장재로 많이 사용되는 '사이딩'이라는 제품은 원료에 따라 목재, 세라믹, 시멘트, 비닐 등으로 나뉜다. 멀리서 보면 비슷하지만 재료가 다르기 때문에 가격도 다르다. 물론 재료의 내구성도 관리 방법도 다르다. 이런 차이를 일반인들이 모르기 때문에 얼핏 보기엔 비슷한 집인데 공사 비용이 차이가 나는 것이다.

　　집의 골조 그러니까 뼈대를 만드는 비용은 비슷하다. 누가 공사를 하든 콘크리트 물량이나 철근 물량이나 목조의 물량은 다 거기서 거기다. 결국 차이는 마감이다. 어떤 옷을 입히느냐가 중요한 것이다. 외장재를 어떤 걸 쓰는지, 창호를 어떤 크기 어느 브랜드로 하는지에 따라 차이가 많이 난다. 싱크대도 고급이 있고 아닌 게 있고, 마루도 비싼 것과 싼 것이 있다. 타일을 시공할 때 솜씨 좋은 숙련공은 일당이 많이 비싸다.

　　이상하게 비싼 옷을 입거나 비싼 음식을 먹은 것은 남들에게 쉽게 자랑을 하는데, 비싼 비용을 들여 집을 짓는 것은 어쩐지 잘못된 일이거나 어리석은 일이라고 인식되는 것 같다. 왜 그럴까? 잘 만들어진 기성품이라면 그중 가장 싼 값에 거래하는 것이 현명한 선택이다. 그런데 공산품과 달리 세상에 유일한 집을 짓는 비용은 손해와 이득의 의미가 조금 다르다. 만 원짜리 티셔츠와 백만 원짜리 티셔츠를 비교할 때 소요된 천의 수량으로 차이가 생기는 게 아니듯 집을 지을 때도 개인의 기호와 취향, 라이프 스타일이 반영되어야 한다.

예산에 맞는 집 짓기

짓고 싶은 집과 갖고 있는 비용의 계산이 잘 맞는 것이 제일 좋지만 항상 조금 부족하다. 원하는 것이 예산과 맞지 않기도 하고 변수가 많이 생겨서이기도 하다. 큰 집을 짓는 재벌 일가도 생각보다 예산이 부족해 힘들다는 걸 본 적이 있다. 그러니 집을 지을 때는 예산의 90퍼센트를 잡고 나머지 10퍼센트는 예비비로 남겨두는 게 좋다. 설계비와 감리비도 공사비 외의 예산에 들어간다. 집 지을 대지의 위치나 규모, 설계 범위와 기간, 건축가에 따라 조금씩 달라진다. 건축 설계비에는 구조설계(내진설계 포함), 설비, 전기 등의 인허가 비용 등이 포함되고, 규모가 있는 토목공사나 지반 조사, 측량 등의 업무는 별도의 비용이 든다.

보통 집을 짓는 공사비에 들어가는 비용은 크게 다섯 가지 정도이다. 땅을 정리하는 토목 비용, 측량 비용과 수도, 전기와 각종 설비 시설 관련 인입 비용, 건물을 짓는 건축 비용, 정원과 담장 등 주변을 정리하는 조경 비용이다. 아파트나 이미 지어진 주택을 구입한다면 이미 그런 비용들이 포함되었지만, 직접 집을 지을 때는 이렇게 앞뒤로 비용이 숨어 있다. 처음에 이런 비용을 포함하지 않았다가 예산이 올라가서 곤란한 경우가 생기기도 한다. 특히 토목 비용은 아무것도 없는 상태에서 집이 들어설 수 있는 땅을 만들기 위한 조치를 취하다 보면 배보다 배꼽이 더 커지기도 한다. 그래도 이 정도는 당연히 들어가야 하는 비용이니 억울하지 않게 넘기는데, 완공 후 건축 비용이 추가되면 난감하기 이를 데 없다. 처음부터 계약서에 포함하거나 일단 살아보면서 차차 할 수 있는 부분으

땅에서 해안가를 따라 자연스럽게 흘러가는 모습이 아름다운
거제 가조도의 스테이 공간. 예산이 부족해서 건축주가 많은 부분을
직접 했다. 〈건축탐구-집〉 시즌 3 '35화 보이지 않는 집'에서 소개했다.
설계 건축가 조병수 Bchopartners Architects.

로 넘기는 방법도 고려해봐야 한다.

　그 외에도 집을 지을 때는 예상치 못한 여러 변수들, 가령 기존 집을 철거해야 한다든가, 근처에 문화재가 있어 문화재 지표 조사를 해야 하거나 허가 전 심의를 받아야 한다든가 해서 행정절차로 인한 지연 비용이 추가될 때도 있다. 처음 집 짓기를 시작하고 건축가를 정하면 상의해 절차와 비용을 잘 계획해보는 것이 좋다. 비용이 생각보다 많이 들 것 같다면 예산에 맞는 집 짓기를 위해 규모를 조정하면서 '내게 적정한' 집의 크기를 헤아려보자.

　집을 일반적인 비용보다 싸게 지었다는 분들의 대부분은 직영, 그러니까 공사별로 일일이 기술자를 불러 직접 관리 감독을 해서 집을 지은 경우다. 그중엔 스스로 집을 짓는 꿈을 오랫동안 꾸었던 분들도 있지만 건축사도 시공사도 어쩐지 의심스럽고 못미더워 본인이 직접 짓는 분들이 많다. 어느 정도 지식이나 양질의 정보가 있다면 괜찮지만 흩어져 있는 마구잡이 정보를 믿고 시작했다간 낭패를 보기 쉽다. 집을 짓는다는 건 프로세스가 명확한 작업이라 경험이 중요하다. 경험이 부족하고 시스템을 갖추지 않은 경우 공사 기간이 길어진다.

　그뿐 아니라 가격을 낮출 생각만 하다 보면 자재도 기술자 인건비도 깎게 되기 마련이다. 표준 비용보다 저렴한 대가를 받는 기술자들은 주로 초보자들이다. 비숙련공이 하는 일은 아무래도 허술하기 마련이고 하자가 발생하면 그 또한 고스란히 건축주의 몫이다. 직영으로 싸게 지었다는 분들이 하나 간과하는 사실은 바로 자신의 인건비다. 본인이 들인 공과 시간 등의 기회비용에 대해서도 계산해봐야 한다는 것이다.

견적서 보는 법

견적서를 볼 때 주의해야 할 것은 구체적인 항목이다. 누구나 이왕이면 조금이라도 예산을 아낄 수 있도록 금액이 낮은 견적서를 선택한다. 일을 꼭 하고 싶은 시공사의 입장에서 일단 건축주의 마음을 얻기 위해 공사비를 깎아 자신들의 이윤을 줄이는 경우도 있지만, 그러다 보면 현장 소장이 상주하지 않고 여러 현장을 도는 경우가 있다. 집을 짓는 과정은 단계별로 꼼꼼한 확인이 끊임없이 필요한데 현장 소장이 없는 경우 순서가 뒤바뀌거나 자재 수급의 문제로 공사 기간이 늘어나고 품질이 떨어질 수 있다.

현장 소장은 현장의 모든 걸 총괄하는 사람이다. 오케스트라에서 조화로운 화음을 내려면 지휘자가 꼭 필요한 것과 같은 이치다. 당장은 큰 비용이 드는 것 같아도 현장 소장이 상주하며 일의 전체를 살피는 것이 공사의 완성도를 높이는 방법이다. 또 비용을 아낄 수 있는 부분이 인건비다 보니 비교적 저렴한 비숙련공을 현장에 투입시키기도 한다. 창호나 미장 등 반드시 숙련공의 손을 거쳐야 하는 부분이 대충 마무리되면 하자가 발생할 확률이 높아지므로, 견적서의 내용에 대해 잘 알아봐야 한다. 공사 종류별로 자재비와 인건비 등의 세세한 부분이 기재되어야 변동이 생길 경우 조정 금액의 정확한 계산이 가능해지고 불필요한 추가 비용을 막을 수 있는 근거가 된다.

각종 허가 수수료나 농지나 산지 등을 대지로 전용했을 경우 발생하는 비용(보통 공시지가의 30퍼센트), 수도사업소나 한전(한국전력공사), 노동부(산재보험) 등에서 건축주 앞으로 직접 발급하는 비용도 있다.

견적서 첫 페이지에 보통 원가계산서가 있는데, 자재비와 노무비, 경비를 합산한 원가에 대해 5~10퍼센트 정도를 일반 관리비와 진행비 등으로 책정하고, 이윤도 더해 최종 금액을 정한다. 시공사도 집 짓기를 통해 급여도 지불하고 이익도 얻어야 하므로 당연히 추가되는 부분이다. 만약 이 부분을 생략했다면 공사 원가 안에 이미 포함시켰다는 이야기인데 오히려 더 불투명한 방식이다. 자신들의 이윤에 대해 확실히 명시한 것이 훨씬 정직한 견적서이다.

설계가 나오면 시공사 두세 군데에서 견적서를 받아보고 비교해보는 것이 좋다. 같은 제품을 지정해주었는데 재료비와 노무비가 시공사마다 차이가 있는 것은 거래처(대리점 등)가 다르기 때문이다. 특히 노무비는 숙련도에 따라 비용 차이가 있게 마련이다. 그리고 창호 공사, 금속 공사 등의 세부 공종은 전문 공사팀이 각각 맡아서 하므로 따로 견적을 내는 것이다.

견적서를 꼼꼼하게 보는 것이 어렵다면 건축가에게 도움을 청해 이해를 돕도록 하자. 보통 견적서의 맨 앞이나 뒤에 '견적 외 사항'이라고 하여 빠져 있는 비용이 명시되어 있다. 기호나 선택의 폭이 큰 싱크대, 신발장 등 붙박이 가구, 조명이나 에어컨 등 설비, 지열이나 태양광, 담장, 주차장 지붕 설치 등 변동이 많은 부분이 해당한다. 여기에 대해서도 구체적인 비용을 문의하거나 포함해야 최종 예산을 확인할 수 있다.

〈건축탐구-집〉에 방송된 사례 중 주인이 직접 목공 등의 기술을 익혀 재료비만 들여 지은 집들을 소개한 경우가 있다. 본인의 수고와 오랜 시간을 들이는 대신 인건비, 경비 등을 줄여 일반적인 시공비의 50퍼센트 내외로 지을 수 있었다고 한다. 🎬 〈건축탐구-집〉 '특집 1억 원대로 집 짓기'

최근 철근 비용이 20퍼센트 상승하는 등 건축비가 점점 높아지는 추세다. 다음에 소개하는 원가계산서와 건축 집계표, 세부 공종 내역서의 금액은 대략적으로 참조만 하기를 바란다.

시공 견적서 중 공사 원가계산서 (예시)

비목		구분	금액	산출 근거	구성비	비고
순공사비 원가	재료비	직접 재료비	319,350,729		50.13%	
		간접 재료비				
		소계	319,350,729		50.13%	
	노무비	직접 노무비	176,624,033		27.73%	
		간접 노무비	30,026,086	직접 노무비 × 17%	4.71%	
		소계	206,650,119		32.44%	
	경비	전력비				
		운반비				
		기계 경비	35,949,700		5.64%	
		산재보험료	8,369,320	노무비 × 4.05%	1.31%	
		고용보험료	2,376,470	노무비 × 1.15%	0.37%	
		퇴직공제부금비				
		안전관리비	3,294,000		0.52%	
		기타 경비	22,907,854	순공사비 × 4%	3.60%	
		소계	72,897,344		11.44%	
		계	598,898,192		94.01%	
일반관리비			8,983,473		1.41%	
이윤			29,118,335		4.58%	
공급가액			637,000,000		100.00%	
부가가치세						별도
도급액						
총 공사비						

시공 견적서 중 건축 집계표 (예시)

세부공종	규격	수량	단위	재료비 금액	노무비 금액	경비 금액	계
1. 가설공사		1	식	4,459,500	8,694,000	24,500,000	37,653,500
2. 토공사		1	식	672,500	683,500	1,675,000	3,031,000
3. 철근콘크리트공사		1	식	46,597,635	44,828,000	4,679,700	96,105,335
4. 방수공사		1	식	3,384,000	435,000		3,819,000
5. 조적공사		1	식	192,500	626,000		818,500
6. 타일공사		1	식	5,680,000	3,445,000		9,125,000
7. 목공사		1	식	35,669,000	23,483,000		59,152,000
8. 금속공사		1	식	27,742,500	9,289,000		37,031,500
9. 미장공사		1	식	1,007,000	4,212,000	345,000	5,564,000
10. 창호공사		1	식	47,932,000	4,293,000	1,500,000	53,725,000
11. 수장공사		1	식	101,995,100	34,952,500	150,000	137,097,600
12. 도장공사		1	식	2,352,500	2,042,500		4,395,000
13. 기타공사		1	식	5,950,000	3,100,000	3,100,000	12,150,000

시공 견적서 중 세부 공종 내역서 (예시)

세부 공종	규격	수량	단위	재료비 단가	재료비 금액	노무비 단가	노무비 금액	경비 단가	경비 금액	합계 단가	합계 금액
3. 철근콘크리트공사											
레미콘(배합)	25-180-12	6	m³	68,000	408,000					68,000	408,000
레미콘(구체)	25-240-15	178	m³	79,000	14,062,000					79,000	14,062,000
펌프카압타설		184	m³			16,000	2,944,000	8,000	1,472,000	24,000	4,416,000
진동기손료		178	m³					1,000	178,000	1,000	178,000
거푸집	무근용	928	m²	7,500	6,960,000	20,000	18,560,000	2,000	1,856,000	29,500	27,376,000
거푸집	합판	298	m²	10,000	2,980,000	28,000	8,344,000	2,000	596,000	40,000	11,920,000
거푸집	원형	50	m²	45,000	2,250,000	29,000	1,450,000	2,000	100,000	76,000	3,800,000
거푸집	경사합판	31	m²	15,000	465,000	39,000	1,209,000	2,000	62,000	56,000	1,736,000
거푸집	정재및정리	1,307	m²	3,000	3,921,000	3,000	3,921,000			6,000	7,842,000
고장력철근	HD 10. 국산	18.072	ton	860,000	15,541,920			20,000	361,440	880,000	15,903,360
고장력철근	HD 13. 국산	0.253	ton	860,000	217,580			20,000	5,060	880,000	222,640
고장력철근	HD 16. 국산	1.944	ton	860,000	1,671,840			20,000	38,880	880,000	1,710,720
고장력철근	HD 19. 국산	0.516	ton	860,000	443,760			20,000	10,320	880,000	454,080
철근가공조립		20,000	ton			420,000	8,400,000	20,000	420,000	420,000	8,400,000
철근정착재비	스페이서, 결속선 등	20.000	ton	30,000	600,000					30,000	600,000
장비임대료	지게차, 크레인 등		식					3,500,000	3,500,000	3,500,000	3,500,000

133

3

chapter

동선 탐구

1

집 짓기의 로망,
가족의 소망

공간 버킷리스트

〈건축탐구-집〉시즌 1 '9화 대한외국인'에 나온 안톤 숄츠 씨가 이런 말을 했다. "한국 사람들은 새 차를 사면 비닐을 떼지 않더라고요. 이상해서 물어보니 나중에 팔 때 값을 더 받기 위해서라고 했어요." 조금 뜨끔했다. 숄츠 씨의 말대로 되팔 때를 더 걱정해 비닐을 씌운 채 차를 타듯, 집에 대한 생각도 비슷하다. 아파트가 인기 있는 것은 결국 언제든 제값을 받고 혹은 그 이상 오른 금액으로 팔 수 있다는 '환금성' 때문이다. 아파트를 벗어나 내 집을 지으면서도 다시 아파트 모양의 방과 거실과 부엌 구조를 그대로 가져오는 사람을 본 적이 있는데, 익숙함 때문인지 혹 다시 팔 것을 생각해서인지 모르지만 좀 서글픈 일이다. 집을 짓는 일은 집에 몸을 맞추는 것이 아니라 내 몸에 맞는 집을 만드는 일이다.

각 시대마다 라이프 스타일은 변화해왔다. 해방 후 근대도 현대도 아닌 애매한 시기에 일본에 의해 적산가옥이 들어왔고 전쟁 후 점차 양옥집이 생겨나면서 생활 방식에 큰 변화가 일었다. 외부에 면해 있던 부엌과 화장실이 집 안으로 들어왔고, 아파트가 생기고, 이불과 밥상 대신 소파와 식탁과 침대를 사용하는 입식 생활이 모두에게 익숙해졌다. 한옥보다는 양옥에, 단독주택보다는 빌라나 아파트에 살고 싶어 하면서 사람들의 주거 생활은 점점 비슷해졌다. 아파트에 살면서 거실에 커다란 텔레비전을 놓고 그 맞은편에 기다란 소파, 부엌엔 4인용 식탁을 두고, 가족 각자의 방이 거실을 둘러싼다. 보편적인 환경을 얻기 위해 모두 '살고(living) 싶은' 집이 아니라 '사고(buying) 싶은' 집을 꿈꾼다.

그럼에도 집을 직접 지으려는 사람들은 공간에 대한 버킷리스트가 있다. 최근에 설계한 집은 부인과 남편의 라이프 스타일이 달랐다. 남편은 텔레비전 보는 것을 좋아하고 부인은 책 읽는 것을 즐긴다. 자는 시간도 일어나는 시간도 달라 부부 침대 사이에 칸막이를 설치하자고 했다. 서로의 시간을 방해하지 않기 위한 장치였다. 입시생인 딸은 공부를 해야 하니 책상에 앉으면 마음을 차분하게 하는 산이 보이는 독립된 공간을 원했고, 아들은 친구들과 자유롭게 모여서 놀 수 있는 널찍한 테라스 공간을 주문했다. 가족 모두 충분히 대화하며 합의한 사항들이었다.

　　집 짓기는 나를 아는 것뿐 아니라 몰랐던 가족의 모습을 알아가는 과정이기도 하다. 그 속에서 대화의 실마리가 풀리고 뜻밖의 공통점을 찾아내며 사이가 돈독해지기도 한다. 꼭 당장 집을 짓지 않아도 좋다. 지금 사는 곳에 좀 더 애정을 가지고 그곳을 새롭게 꾸미거나 배치를 바꾸는 시도를 해보자. 불편해서 개선해야 할 부분을 찾아보거나 새로운 동선을 만들기도 하면서 다양한 주제의 대화를 나누어보는 것이다.

　　매일 똑같은 일상인 듯했는데, 각자의 활동 패턴을 그려보면 내가 주로 어디에서 움직이는지, 얼마만큼의 공간을 사용하는지, 나와 또 누군가의 동선이 겹치는지가 보인다. 이렇게 서로의 궤적을 따라가다 보면 나만의 혹은 우리 가족들만 누리고 즐길 수 있는 새로운 동선이 떠오를 것이다.

　　충북 괴산에서 30대 부부와 아이 둘로 이루어진 4인 가족이 함께 사는 집은 겉에서 보면 폐쇄적이지만 안으로 들어가면 전혀 다른 세상이 펼쳐진다. 건축주가 원했던 첫 번째는 소박하고 단정한 집, 두 번째는 겉은 담담하지만 안은 환하게 밝은 집이었다. 내향형인 가족들이 외부 환경에 크게 노출되지 않으면서 가족들끼리 편안하고 즐거운 생활을 하길 원했고 의견을 반영해 지었다. 겉으로 보면 큰 모자를 눌러쓴 듯한 박공지붕과 깊숙이 들어간 창이 안을 가늠할 수 없도록 외부 시선을 차단했지만 안은 정반대다. 정 가운데 통유리로 된 중정이 있고 중정을 중심으로 복도를 따라 'ㅁ'자로 빙 돌아 공간을 배치했다. 부엌과 가족실, 아이들 방이 서로 마주 보는 구조로 각각의 공간에서 서로를 바라볼 수 있게 되어 있다.

이 집의 건축주는 과감하게 중앙에 18평 중 2평을 차지하는 중정을 배치해 안에서 외부의 풍경을 볼 수 있는 구조를 만들었다. 자연을 안으로 들여온 것이다. 제한적인 평수에 중정과 복도를 만들면서 생긴 공간의 손실은 안방을 가족실로 개방해 해결했다. 마치 옛 한옥의 마루처럼 좌식으로 개방된 공간은 낮에는 가족실이 되고 밤에는 부부의 침실이 된다. 옛집의 좌식 공간처럼 침대나 책상은 없었지만 모든 게 가능했다. 이불을 깔면 침실, 상을 가져와 밥을 먹으면 식당, 상에 책을 올려놓으면 공부방, 손님이 와서 어울리면 그대로 응접실이 되며 다양한 역할을 했다. 건축주는 전원생활을 시작하면서 내부 지향적인 집은 도시 주거 형식이라는 통념을 깨고 자신들만의 정체성을 살려 과감하게 집을 지었다. 그 결과 자신들에게 꼭 맞는 안락하고 편안한, 말 그대로 안식처인 집에 살고 있다. 🔖〈건축탐구-집〉 시즌 3 '19화 겉과 속이 다른 집'

대전에서 30평형 아파트에 살다가 아이들이 자유롭게 뛰어놀 수 있는 유년기의 기억에 깊이 남을 만한 집에 살고자 새로 집을 지었다. 그 집은 동선이 독특하고 모서리가 부드러운 곡선 구조였는데, 밖에서 보면 높이는 훤칠한데 작은 창들이 비정형으로 붙어 있어 안이 가늠되지 않았다. 집 안으로 들어가니 2층까지 뻥 뚫려 올린 7미터의 천장과 서양의 대저택에서 볼 법한 곡선으로 돌아 올라가는 계단이 인상적인 특별한 구조였다. 대부분 면적을 많이 차지하는 계단 공간을 최소한의 면적으로 설계하기 마련인데 대놓고 시원하게 계단을 뽑았고, 그 곡선을 따

충북 괴산에 소박하고 단정하게 지은 집. 박공지붕으로
시선을 차단했지만, 안으로 들어가면 전혀 다른 세상이 펼쳐진다.
중앙에 중정을 배치해 안에서 외부의 풍경을 볼 수 있는
구조로 만들었다. 설계 푸하하하프렌즈.

라 올라가는 동안 집의 풍경이 계속 바뀌었다. 2층은 가족들의 방이 복도를 따라 이어졌는데 곡선과 직선의 벽이 만나는 부분에 아주 작은 틈새 공간이 생겼고 그 공간을 컴퓨터방과 만들기방 등 독립적인 공간으로 만들었다. 특히 컴퓨터방은 코로나19 상황에 교수인 엄마에게 유용하게 쓰였다. 그 작은 자투리 공간에서 누구에게도 방해받지 않고 수업을 진행할 수 있었기 때문이다. 재택근무와 원격 수업 등 비대면 활동이 늘어날 포스트 코로나19 시대에는 이런 공간이 필수 불가결해질 수 있다. 워킹맘인 엄마의 가사 노동 동선을 줄이기 위해 1층에 욕실과 세탁실, 드레스룸을 한곳에 배치하고, 2층 복도 한 곳에 빨래 구멍을 만들어 2층에서 빨래를 벗어 넣으면 세탁실로 바로 떨어지도록 했다. 효율만 따졌다면 이런 아이디어가 돋보이는 재미있는 공간을 만나기 어려웠을 것이다. 〈건축탐구-집〉 시즌 3 '19화 겉과 속이 다른 집'

곡선 구조는 공간 손실이 많고 가구를 놓기 힘들겠다는 선입견 때문에 건축주들이 쉽게 시도하지 않는다. 그런데 앞의 예에서 보여지듯 단점을 어떻게 장점으로 바꾸느냐에 따라 집의 표정이 달라질 수 있다. 곡선 구조의 틈새 공간들을 이용해 평면구조에서 얻을 수 없는 다채로운 공간이 펼쳐지는 것이다. 우리를 편안하게 만드는 자연은 대부분 부드러운 구조이다. 곡선은 그런 자연과 잘 어울려 훨씬 아늑하고 편안한 집의 형태를 갖게 된다. 대전의 곡선 집은 건축이 삶을 또 하나의 놀이로 만든 좋은 사례였다. 집은 단순히 사는 곳이 아니라 아이들에게 생각과 삶의 방식을 전해주는 장소이기도 하다. 그곳은 1층과 2층으로 분리되어 있지만 모든 공간이 서로 통해 있었고 가족 모두 그것을 충분히 활용해 소통했다. 모든 공간이 너무 가까이 있어 오히려 문을 닫아걸고 단절하게 만드는 평면적 주거와 반대되는 풍경이었다.

대전의 곡선 집은 1층과
2층으로 분리되어 있지만
모든 공간이 서로 통해
있었고 가족 모두 그것을
충분히 활용해 소통했다.
설계 건축사사무소 재귀당.

우선순위 정하기

집마다 사람들마다 추구하는 게 다르다. 동선을 이야기하면 대부분 효율성을 앞세운다. 움직임의 낭비 없이 이동할 수 있는 시스템화되어 있는 아파트에 익숙한 우리에겐 그게 가장 중요하다는 착각이 들지만, 정해진 공식처럼 너무 뻔한 공간이 아닌 조금 돌아가더라도 여유를 주는 과감한 동선을 선택해보는 것도 나쁘지 않다.

옛 선조들의 한옥을 생각하면 동선은 무한히 길어진다. 충남 논산의 명재 윤증 고택에는 다양한 성격과 모양을 가진 마당이 8개 있다. 혹은 그 이상이다. 들어가기 위한 마당, 집안을 관장하기 위한 마당, 사당으로 가기 위한 마당, 여자들을 위한 마당, 관상하기 위한 마당, 제례를 지내기 위한 마당 등. 동선의 효율로 따지면 불편하기 그지없는 집이다. 어딜 가도 마당을 거쳐야 하고 한 번 더 걸어야 하니 말이다. 그러나 이 집에서 마당은 살면서 필요한 다양한 기능을 수용하기도 하고, 벽과 지붕으로 이루어진 방이라는 공간들 사이에서 서로 연결해주며 성격을 부여하기도 하는 기능적이면서도 미학적인 매개가 된다. 또 가족들 각자의 생활이 겹치지 않게 짠 동선은 가족이라도 서로 적당히 거리를 두고 예의를 지킬 수 있게 도와준다. 마당이 갈등 완충장치가 되어주는 것이다.

이 정도로 과격하지 않더라도 현재의 우리들에게도 이런 지혜가 필요하다. 가령 집 안에 작은 포켓 같은 공간을 많이 만들어두는 것이다. 애들은 애들대로 숨을 수 있는 공간, 남편은 남편대로 부인은 부인대로 각자의 생활을 할 수 있는 공간이 있으면 좋다. 가족이라고 늘 사이가 좋은 건 아니라는 걸 다 공감할 것이다. 가까워서 더 기대하게 되고 그래서 작은 일에도 더 서운한 감정을 느끼는 게 가족이다. 화가 났을 때 서운할 때 잠시 피해 마음을 다스릴 수 있는 작은 공간이 있다면 문을 잠그고 단절하는 일은 좀처럼 벌어지지 않을 것이다.

서울의 오래된 골목 안쪽에 20평 남짓한 땅을 산 건축주는, 집은 작더라도 마당을 꼭 갖고 싶다고 했다. 법규에 맞춰 지은 집은 다락을 포함해도 20평이 채 안 되는 규모였다. 작은 땅에 들어선 작은 집, 마당 또한 작지만 다양한 풍경을 담을 수 있도록 일단 담장을 거실에서 바라다보이는 편안한 벽으로 설정했다. 그리고 그 앞에는 감나무를 한 그루 심어 계절을 느끼고 특히 열매가 열리는 가을의 주황색을 감상할 수 있게 했다. 나머지 모든 빈 곳과 틈새도 각기 성격이 다른 마당으로 꾸몄다. 볕이 들지 않는 그늘에는 고사리와 관중 등 음지식물을, 대문 앞마당에는 다양한 들꽃을 50종 정도 열심히 심었다. 담장 대신으로 블록을 쌓고 『채근담』에 나오는 글에서 착안하여 대나무를 꽂아 넣은 동쪽 마당에는 기러기를 그려 넣어 '기러기와 대나무의 마당'으로 만들었다.

그리고 우리가 이름을 알기 전에는 그냥 뭉뚱그려 '잡초'라고 불렀던, 들꽃들의 이름과 위치를 적은 '들꽃 지도'를 담벼락에 그려 넣었다. 정원은 계절마다 빛깔을 바꾸며 주인과 함께하는 가족이 된 것이다. 집이 완성되자 동네가 훤해졌다. 마치 꽃씨가 날아와서 메마른 시멘트 바닥 틈새에 한 홉도 안 되는 땅을 찾아 느닷없이 꽃을 피우듯이, 오래된 동네에 들꽃처럼 집이 하나 피어난 것이다.

집에 마음이 머물 수 있는 채우지 않고 비워두는 방이 하나 있다는 건 축복이다. 효율적인 동선에 대한 집착을 버린다면 이처럼 다양한 공간적인 장치들을 이용할 수 있다. 짧은 동선의 효율에 대해 의문을 가

들꽃처럼 피어나는 집. 작은 규모지만 다양한 풍경을 담을 수 있도록
앞마당에 감나무를 한 그루 심어 계절을 느끼도록 했다. 담벼락에는
들꽃들의 이름과 위치를 적은 '들꽃 지도'를 그려 넣었다. 설계 가온건축.

져보고, 정작 벗어나고자 했던 아파트의 공간으로 다시 되돌아가는 건 아닌지 곱씹어봐야 한다. 길어지는 동선을 두려워할 필요는 없다. 여백의 공간은 삶을 좀 더 여유롭게 만들어줄 것이다. 만약 내 집을 짓는다면 미로처럼 동선이 긴 집을 짓고 싶다. 긴 공간을 지나며 정원도 보고 복도에 걸린 그림도 보고, 그러다 오며 가며 아이들과 마주치기도 하는 집이길 바란다.

복도, 테라스, 계단 등을 이용해 적당히 동선을 나누어 생긴 공간이 주는 여유를 상상해보자. 집을 짓는 일은 상상력을 발휘하는 일이다. 어떤 건축주는 복도 공간에 창턱을 내서 책을 꽂아두어 그곳을 가족 도서관으로 활용했다. 버리는 공간이 아니라 필요한 공간으로 만들었다. 예산과 면적이 한정된 상태에서 동선을 정할 때 물론 우선순위를 먼저 생각해야 한다. 그 우선순위는 '효율'이나 '보편'이 아니라 '나'에게 비롯되어야 한다는 걸 기억하자. 남들에겐 쓸데없어도 나에겐 가치 있는 공간과 동선을 제일 먼저 생각하고 볼 일이다. 모두의 삶과 취향을 하나로 규정해 앞만 보고 달리던 효율이 최고이던 시대는 이제 벗어날 때도 되었다. 집 안팎에서 내가 누릴 수 있는 즐거움을 위한 공간 버킷리스트를 하나씩 적어보자. 모두 이룰 수 있다면 좋지만 골라내야 한다면 우선순위를 두고 하나씩 만들어가는 게 좋다.

2

땅에 어떻게 앉힐까:
배치와 구조

남향이 아니어도 괜찮을까

남향이 좋다는 건 누구나 아는 사실이다. 따뜻한 햇살이 부드럽게 내리쬐는 환한 집을 마다할 사람은 없다. 그러나 땅의 모양에 따라 집을 남향으로 앉히지 못하는 경우가 있다. 어쩔 수 없이 서향, 동향, 북향으로 짓게 된다. 아쉬워하는 건축주에게 나는 맹사성 고택에 대해 말해 준다.

맹사성은 황희 정승과 나란히 청백리의 상징으로 불리는 분으로 조선에서 가장 오랫동안 좌의정 자리에 있었다. 충남 아산에는 아직 맹사성 고택이 옛 모습을 간직하고 있는데 그 집이 바로 북향이다. 입지도 그다지 좋지 않은 북향집이지만 맹사성은 그곳에 살면서 정승까지 그것도 최장기 정승으로 나랏일을 했고 지금까지 칭송받고 있다. 북향이지만 맹사성에게는 명당이었던 셈.

남향이 아니라도 그 땅이 나에게 편안하게 들어맞는다면 아쉬워하지 않아도 된다. 서향, 동향, 북향만의 장점이 있고 그걸 십분 살려 집을 지을 수 있다. 땅의 방향이 불리해도 집의 자리를 잡으며 공간의 기능에 맞게 창문을 두면서 햇빛과 바람이 잘 통과하는 집으로 만들면 방향의 문제는 충분히 극복이 가능하다.

서향일 경우 오후까지 집에 햇빛이 들어 덥고 눈부실 수 있다. 서향 쪽은 오전의 뜨거워진 햇빛이 늦게까지 가기 때문에 음식이 쉽게 상해 부엌은 서향을 피해 지었다. 또 처마를 길게 앞으로 내면 긴 빛을 차단할 수 있다. 집 앞에 나무를 많이 심어 나무가 볕을 차단하는 역할을 하거나 가벽으로 빛을 거를 수 있다.

북향의 장점은 조도가 일정하다는 것이다. 일반 가정보다 상업 공간에 잘 맞는다. 빛이 방해가 되는 화실이나 설계사무소, 컴퓨터 작업을 해야 하는 사무실은 오히려 북향을 선호한다. 만약 집에서 재택근무를 하는 사람이라면 북향집이 나쁘지 않을 것이다. 또 늦게까지 일을 해야 한다면 침실을 북향에 두어 어느 때건 잠을 잘 수 있는 환경을 만들 수 있다. 북쪽에 도로가 있는 땅 같은 경우에는 일조권 사선제한에 영향을 덜 받는다는 장점도 있다.

동향은 전통적으로 남향 다음으로 좋은 향이다. 아침 일찍 활동해야 하는 사람들에게 유리하다. 해가 뜨는 시간부터 움직여야 한다면 동향집은 최적의 선택일 수 있다.

충남 아산의 맹사성 고택.

몇 층으로 지을까

층수는 땅의 면적과도 관련이 있다. 굳이 올리지 않고 단층으로 모든 게 해결될 수도 있고 건폐율 등의 제한 때문에 부득이하게 높은 층을 만들 수도 있다. 예전엔 2층 양옥집에 대한 로망이 있었다. 경제 부흥기에 잔디가 깔린 2층 양옥집은 부의 상징이었다. 그러나 요즘 그런 로망은 사라진 지 오래이다. 자신들의 기호에 맞게 다양한 구조와 형태의 집들이 지어지고 있다.

연세가 있는 분들이나 은퇴 후 집을 짓는 건축주들은 나중을 고려해 오히려 단층을 선호한다. 손님방을 2층에 올려 크게 지었는데 정작 손님 맞을 일은 별로 없고 청소만 힘들다는 이야기가 많기 때문이다. 그래서 대부분 안방을 1층에 배치하는 경우가 많고, 손님방은 대지에 여유가 있다면 별채를 두는 방법을 권한다.

어린 자녀가 있다면 복층형 설계도 좋다. 계단이 주는 입체적인 공간감이 창의성에 도움을 주기 때문이다. 아이들이 자주 이용하는 학교나 아파트 계단은 단지 통로의 역할을 할 뿐 새로운 공간감을 느끼게 하지 않는다. 그러나 집 안의 계단은 어떻게 배치하느냐에 따라 다채로운 공간을 접하게 해준다. 한 계단, 다섯 계단, 열 계단 높낮이에 따라 수평적인 공간에서 수직적인 공간으로 달라지는 풍경은 아이들에게 색다른 경험이 된다.

이런 공간의 변화는 아이들뿐 아니라 어른에게도 해당된다. 사람마다 취향이 다르고 선호하는 공간이 다르기 때문이다. 카페에 가더라도 누군가는 아늑한 구석자리를 선호하고, 누군가는 천장이 높은 한가운데를 찾는다. 모두 공간에 대한 기호가 있는데 표준설계한 집에 살 때 접하지 못했던 것을 내 집을 지을 때 접목해보는 것이다.

　　도시는 여러모로 층수를 높이는 게 유리할 때가 있다. 길과 가깝게 붙어 있는 1층보다 2층에 침실을 두면 안정감이 있고 전망도 확보할 수 있다.

층의 구분이 모호한 집도 있다. 부부가 사는 이 집은 반 층씩 공간이 연결되는 스킵플로어 형식으로, 문 없이 거실과 침실이 반 층씩 높이 차이를 두고 이어진다. 넓은 계단에서 손님들과 영화를 감상할 때는 극장 같은 공간이 된다. 설계 가온건축.

사진 ⓒ진효숙

어디에도 없는 특별한 집

2층인 듯 1층인 캔틸레버 하우스

1층도 2층도 아닌 집이 있다. 경기도 광주 퇴촌에 '뜬 집'이라고 불리는 집은 38년간 외국에서 살다가 고국으로 돌아온 부부가 지은 집이다. 소박한 시골 동네에 아주아주 모던하게 지어진 집인데, 기둥을 하나만 세워 가로로 길게 집을 짓는 걸 보고 마을 사람들이 '뜬 집'이라는 별칭을 붙여줬다고 한다. 사람이 서서 두 팔을 벌린 듯한 형태의 집을 캔틸레버 하우스라고 하는데, 캔틸레버란 한쪽이 고정되고 다른 끝은 받치지 않은 상태로 된 보의 모양이다. 캔틸레버라는 말이 좀 생소하다면 필로티 구조를 떠올리면 된다. 도심 빌라촌에 짓는 필로티 구조와 비슷하다. 이 경우는 좀 더 극단적인 형태라고 볼 수 있다. 공학적으로 문제가 없지만 기둥이 없다는 게 아무래도 불안한 느낌이다 보니 주택 건축에는 흔히 쓰이지 않는다.

이 집도 카페로 오해받아 종종 문을 두드리는 사람들이 있다고 한다. 이 집의 건축주는 고국에 돌아와 트리하우스를 짓는 게 꿈이었다. 산 위의 집에서 사무치게 그리웠던 고국의 아름다운 산을 마음껏 보고 싶었다. 캔틸레버 하우스는 트리하우스의 꿈을 실현시켜준 설계로 건축주는 땅에서 자유롭게 뜬 집에서 주변 풍경을 마음껏 즐기고 있다. ▐▶〈건축 탐구-집〉 시즌 2 '24화 인생 3막은 내 나라에서'

1층이지만 2층 같은 캔틸레버 하우스는 모던한 겉모습뿐 아니라 여러 가지 장점을 가지고 있다. 시야를 확보할 수 있고, 요즘 같은 기후 위

경기도 광주 퇴촌에
'뜬 집'이라고 불리는
캔틸레버 하우스.
한쪽이 고정되고 다른 끝은
받치지 않은 상태로 된
보의 모양이다.
설계 건축가 김원기.

인천에 사는 부부가 오래된 주택을 리모델링한 집.
경사진 땅에 맞추다보니 각 층마다 테라스가 있다.
설계 푸하하하프렌즈.

기의 시대에 수해 등에 안전하다. 시골의 경우 산짐승이 나타나도 큰 영향을 받지 않는다. 집중 강우, 수해, 산사태 등 자연재해가 수시로 일어나는 요즘, 땅에서 띄운 집은 여러모로 괜찮은 선택이다.

지하이기도 1층이기도 한 땅의 높낮이를 살려 지은 집

도시의 작은 땅이라면 각각 면한 도로의 높이가 다른 땅을 구입해 그 모양대로 짓는 방법도 있다. 앞에서 보면 지하지만 뒤에서 보면 1층인 공간으로 두 층을 만드는 것이다. 이럴 때는 용적률의 제한을 받지 않고 집을 지을 수 있다. 이런 장점 때문에 일부러 이런 땅을 찾는 사람들도 있다.

젊은 부부가 인천에서 리모델링한 집은 원래 심한 경사지에 지은 집의 구조를 살리되 건축주의 라이프 스타일에 맞춰 완전히 새로운 모습으로 바뀌었다. 건물의 전면은 도로에 면해 있지만 뒤쪽은 땅에 파묻혀 있어, 실제로는 지하이지만 1층처럼 보이는 공간은 임대공간으로 내주었다. 계단을 올라서서 대문으로 들어가면 자연스럽게 조금씩 뒤로 물러난 집 앞으로 1층에는 작은 마당, 2층에는 테라스가 있고, 3층은 전망 좋은 옥상이 된다. 마치 방들이 수직으로 쌓인 듯한 입체적인 구조에서 색다른 공간 경험을 할 수 있는 집이다. ▟〈건축탐구-집〉 시즌 3 '13화 슬기로운 리모델링'

3

낮의 공간과
밤의 공간

집은 한자리에 붙박여 있지만 시간 속에 늘 다른 모습으로 존재한다. 가족이 바삐 움직이는 아침의 집이 다르고, 텅 비어 있거나 청소나 빨래, 밥 하기 등의 생활이 머무는 낮의 집이 다르고, 흩어졌던 가족들이 다시 모여 휴식을 취하는 밤의 집이 다르다.

언제 집이 가장 활발하게 이용되는지 생각해보자. 낮인지 밤인지 아니면 둘 다인지, 쾌적한 부엌살림이 우선순위인지 편안한 꿀잠이 제일 먼저여야 하는지. 하루의 피로를 푸는 욕실이 침실보다 중요할 수도 있고, 손님 초대가 빈번해 부엌과 거실의 면적이 무엇보다 커야 할 수도 있다.

낮의 공간, 생활의 공간

쓸데없어 보이지만 나에게 가치 있는 재미있는 집을 구상하더라도 생활공간은 효율을 따질 필요가 있다. 가사일을 해야 하는 생활 동선은 낭만보다 피로가 먼저 찾아온다. 부엌과 세탁실 등은 가사 노동을 줄여주는 방향으로 설계하는 게 좋다. 앞서 이야기한 대전 곡선 집의 2층에서 1층 세탁실로 연결한 빨래 구멍처럼 반짝이는 아이디어가 필요하다.

부엌일을 할 때 주방의 동선을 먼저 생각해보자. 장 본 것을 가지고 들어와서 정리해 냉장고에 넣고 씻고 다듬고 조리하고 식탁에 놓는 것까지의 프로세스가 짧은 동선 안에서 이루어지면 무척 편리할 거다. 학창 시절 배운 개수대와 싱크대의 배선과 동선이 가장 기본이지만 이 또한 기호와 습관에 따라 변형할 수 있다. 어느 건축주는 냉장고 냄새가 집 안에 풍기지 않았으면 했다. 주방에는 음료 등 냄새가 나지 않는 것들을 넣는 소형 냉장고를 두고 부엌 바로 옆에 다용도실에 김치냉장고와 반찬 등을 넣어두는 냉장고를 따로 두겠다고 했다. 음식을 할 때 다용도실까지 한 번 더 움직여야 해서 불편하진 않을까 걱정했는데 재료를 한꺼번에 꺼내오는 게 습관이 되어 괜찮다고 만족하며 살고 있다.

요즘은 침실 옆에 세탁실을 놓는 경우가 많아졌다. 아파트에서 공간이 마땅치 않아 세탁기를 다용도실이나 베란다에 두기 시작했는데 어느새 그게 보편적인 형태가 되어 새로 설계할 때도 당연하게 세탁실을 부엌 옆에 두곤 했다. 누가 시킨 것도 아니고 법으로 정해진 것도 아닌데 이상하게 그래야 하는 줄 알고 그렇게 해왔다. 생각해보면 욕실에서 씻고

과수원 가족이 지은 붉은 벽돌 집. 저색 고벽돌로 지어 고풍스럽고 아름답다.
아들이 예쁘게 영롱쌓기로 만든 벽에 아버지가 밭일을 마치고
들어오면서 농기구를 하나둘씩 걸어놓으셨다. 설계 걸리버하우스.

빨랫감을 들고 나와 다용도실에 가서 세탁기를 돌리고 다시 세탁물을 꺼내 들고 나와야 하는 동선은 비효율적이다. 침실은 2층인데 기계적으로 세탁실을 1층 다용도실에 놓는 설계는 없어지는 추세다. 이제는 화장실과 드레스룸 옆에 세탁실을 두고 발코니로 잇는 동선이 많아졌다. 그러다 보니 자연스럽게 침실 가까이에 세탁실이 놓이게 된 것이다. 가사 노동의 동선과 평소 습관에 따라서 우선순위가 바뀌게 된 것이다.

취향에 맞춘 공간은 마당으로도 확장된다. 정원 가꾸기를 좋아한다면 정원으로 나가는 길목에 농기구를 둘 수 있는 작은 다용도실을 배치하는 것도 방법이다. 아들이 아버지의 집을 지어주며 영롱쌓기로 가벽을 설치한 집이 있었다. 영롱쌓기는 벽돌을 쌓을 때 조금씩 빗겨서 구멍을 만들면서 쌓는 기법이다. 무늬처럼 구멍을 만들어 벽에 멋을 낸 것인데, 시간마다 빛이 들어오는 풍경이 다르고 시선도 차단하며 모양도 아름답다. 밋밋한 담벼락과 다른 맛이 있다. 어쨌든 아들이 예쁘게 영롱쌓기로 만들어드린 벽에 아버지가 밭일을 마치고 들어오면서 농기구를 하나둘씩 걸어놓으셨다. 애써 모양을 낸 벽에 흙 묻은 호미며 낫이 걸리는 게 영 못마땅해 아들이 창고까지 지어드렸다. 하지만 아버지는 나가는 길목에 있는 벽돌 사이가 안성맞춤이라며 벽돌 구멍 농기구 걸이를 포기하지 않았다. 🔖〈건축탐구-집〉시즌 3 '24화 다시, 고향 집으로'

이 아버지처럼 밭일을 하는 분, 정원을 가꾸는 분들에게는 집밖을 나가는 동선에 있는 도구를 보관하는 공간은 아주 실용적일 것이다. 장이나 효소를 담그는 취미가 있다면 널찍한 야외 수돗가가 부엌과 면한 곳에 있으면 편리하고, 이웃과의 만남을 즐긴다면 실내와 야외의 중간쯤 별도의 휴식 공간을 두는 것도 방법이다.

설악산 능선이 보이는 평야에 지은 한옥. 누마루도 멋졌지만
안채와 연결된, 아궁이가 있던 흙바닥의 작은 별채 공간이 인상적이다.
월문도 아름다웠던 한옥의 내부 공간(오른쪽). 설계 동부아트건축사사무소.

강원도 양양의 멀리 설악산 능선이 보이는 평야에 지은 한옥은 딸을 위해 멋을 낸 월문(달무늬로 만든 둥근 문)도 아름답고 누마루도 멋졌다. 무엇보다 안채와 연결된, 아궁이가 있던 흙바닥의 작은 별채 공간이 특히 기억에 남는다. 손님이 자주 오는 집이라면 눈여겨볼 공간이다. 이웃이나 손님이 집을 방문해 어울리는 건 좋지만 공적 공간과 사적 공간을 구분하고 싶을 때 부엌과 연결된 곳에 작은 별채를 만들면 집을 치우는 등의 부담 없이 언제나 환대할 준비를 갖출 수 있다. 실제로 마을 사람들도 그 공간을 좋아해 자주 이용하며 정을 쌓는다고 한다. 〈건축탐구-집〉 시즌 3 '11화 나무에게, 나무家'

안과 밖, 들어오고 나가는 뻔한 동선에서 벗어난 이런 의외의 공간은 작지만 큰 즐거움을 선사한다. 마치 양념을 치듯 개입된 맛깔 나는 공간, 동선을 살려주는 작은 요소들이야말로 설계의 묘라고 할 수 있다.

가사 노동을 덜어주는 동선

협소주택의 부엌은 현관과 가까우면 편리하다

방을 세로로 쌓아올리듯 여러 층으로 구성되는 긴 협소주택의 경우 현관과 가까운 층에 부엌을 배치하면 편리하다. 장을 봐온 것을 계단을 오르내리지 않고 바로 정리할 수 있기 때문이다.

싱크대에 대한 고정관념을 버릴 필요가 있다

싱크대는 음식을 조리하는 작업대이다. 예전엔 어머님들이 쪼그리고 앉아서 하던 일을 서서 할 수 있도록 높여놓은 것인데, 꼭 서서 해야 할 필요가 있을까? 의자에 앉아서 하면 안 될까? 앉아서 썰고 볶고 끓이면 더 편안하지 않을까? 평균 신장이 계속 올라가도 앉은키는 크게 변화가 없다. 오래전 규격에 맞춰진 높이 때문에 키에 맞지 않아 불편한 것보다 앉아서 편안한 작업대를 만들어보는 것도 좋다.

© 김윤선

부엌 동선을 짤 때 살림의 규모를 체크해보자

내 손이 큰가 작은가도 돌아보고, 우리 집에 손님이 얼마나 많이 오는가도 생각하자. 제사를 자주 지내는 집과 그렇지 않은 집의 부엌은 차이가 크다. 부엌을 쓸 일이 많다면 부엌에서 바로 마당으로 나가는 문을 두고 큰 수돗가를 만드는 것도 하나의 방법이다. 냉장고를 들이기 위해 부엌이 넓어지고 안방으로 밥상을 나르는 대신 식탁에 둘러앉고, 화장실이 집 안으로 들어오고……. 그런 변화를 가져온 물건들은 점점 더 많은 기능을 갖추고 점점 더 커졌고 모두 고정식으로 일정한 크기의 공간을 점유하고 있다. 아파트 대형 평형에는 현관에서 바로 다용도실로 들어갈 수 있도록 되어 있다. 일종의 팬트리 개념으로 가사 노동을 줄일 수 있도록 고려한 공간이다. 냉장고, 식기세척기, 세탁기, 건조기, 스타일러 등 살림살이와 관련된 가전제품을 한곳에 모아 동선을 최소화하기도 하는데 일종의 기계실인 셈이다. 단점은 기계가 많아지다 보니 꽤 많은 면적을 차지한다는 것이다. 거의 침실 크기만큼 커져서 배보다 배꼽이 더 클 수 있으니 잘 안배하는 지혜가 필요하다.

충남 서천의 오래된 주택을 고친 집. 아궁이가 밖에 있지 않고
실내에 자리 잡아 요리할 때 동선이 짧아지는 효과가 있다.

밤의 공간, 휴식의 공간

밤의 공간은 휴식의 공간인 만큼 사적이다. 특히 코로나19 이후 개인의 삶, 각자의 공간이 중요시되는 상황에서 내가 가장 편안하게 쉴 수 있는 공간으로 만드는 것이 요점이다. 나는 어떨 때 가장 편안한지 생각해보고 기존에 살았던 공간에서 만족할 수 없었던 공간을 살펴 보완하는 것에 중점을 두면 좋다.

예전에는 침실이 집의 중심이었다. 집에서 가장 큰 방이 으레 침대와 화장대, 큰 장롱이 들어가는 안방이 됐는데 요즘 침실에는 침대 하나만 넣으면 된다고 생각하는 건축주들이 많아졌다. 잠자는 공간 그 이상의 역할을 원하지 않는다. 침실의 비중이 줄어들고 늘어나는 공간은 욕실이다. 화장실과 욕조가 있는 공간을 분리하거나, 큰 창과 욕조를 함께 놓고 쾌적하게 구성하기도 한다. 단순히 씻고 볼일을 보고 나오는 곳이 아닌 휴식과 힐링의 공간으로 거듭나고 있다.

결혼하면서 서울 창신동 끝 아주 작은 땅에 집을 지은 부부가 있다. 남편이 스몰러 아키텍츠의 최민욱 건축가다. 5평씩 총 5층으로 된 협소주택이지만 부부의 라이프 스타일에 꼭 맞는 공간들로 구성되어 있었다. 그중에서도 아이디어가 돋보였던 곳은 욕실이었다. 숲 쪽으로 창을 내고 욕조가 하나 꼭 맞게 들어가는 공간을 만든 것이다. 자연과 휴식이 함

서울 창신동에 5평씩 총 5층으로 지은 협소주택. 숲 쪽으로 창을 내고
욕조가 하나 꼭 맞게 들어가는 공간을 만들었다. 3층은 식당과 주방의
두 벽을 통창으로 대신하여 훨씬 더 넓어 보인다. 설계 스몰러건축.

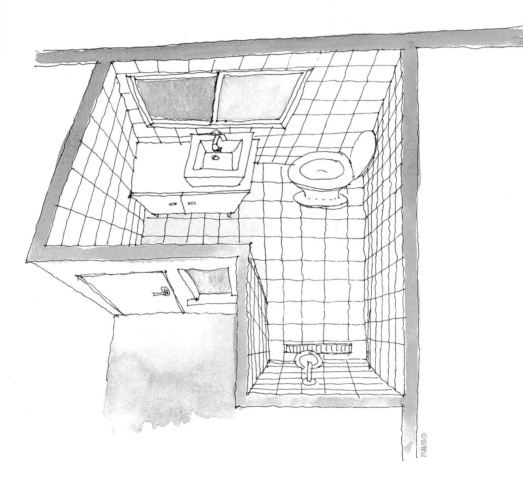

©임형남

께하는 욕실은 5평 작은 땅에 지은 협소주택에서 가장 빛나는 공간이었다. <건축탐구-집> 시즌 2 '1화 내가 찾은 명당'

전에 서울 통의동에 집을 개조해서 살던 때가 있었다. 그때 침실 3개 중 2층의 긴 방 하나를 잘라 반은 공부방을 만들고 반은 화장실을 만들었다. 큰 화장실에 큰 창문을 넣고 세수하면서 북악산을 마주하고, 변기에 앉아 인왕산을 바라봤다. 계절이 바뀌면 바람에 실려온 꽃이나 풀의 향기가 화장실 안까지 밀려왔다. 가을에는 단풍의 빛깔이, 코끝 시린 겨울 아침에는 골마다 눈이 쌓여 기와의 곡선이 눈앞에 가득했다. 그 화장실에서 계절을 느끼고 풍경을 눈에 담으며 피로를 씻어내던 기억이 있다.

이렇게 냄새 나고 멀리 둬야 했던 곳에서 화장실은 거실의 연장이고 사색의 장소이자 휴식의 공간이 됐다. 오로지 혼자 써야 하는 공간, 이를테면 실존적 공간으로 거듭난 것이다. 밤의 공간 안에 거실과 화장실, 침실의 동선을 적절하게 배치하면 쉼이 좀 더 수월해진다. 이렇게 쉴 수 있는 공간에 사치를 부리면 쾌적함이 극대화된다. 밖에서 보이지 않을까 하는 걱정은 접어두어도 괜찮다. 안에서만 풍경이 보이는 유리를 창으로 사용해도 되고 나무를 심어 가리는 방법도 있다. 집에서 숲이 난 쪽으로 화장실을 배치하는 것도 하나의 방법이다.

4

집 짓기의 안내도,
설계 도면들

설계 도면은 집을 짓기 위한 안내서이자 지도이다. 배치도, 평면도, 단면도, 입면도 한 세트를 '기본 도면'이라고 한다. 배치도는 집을 땅에 어떻게 앉힐지에 대한 계획이고, 평면도는 공간을 집의 테두리 안에서 어떻게 배분할지에 대한 계획이다. 보통 설계라고 하면 이런 기본 도면으로 출발해서, 설계 개요 안에 법을 준수했는지 표기하고 구조, 전기, 설비와 단열재, 마감 등과 관련한 디테일한 내용까지 전부 명기하는 실시설계 단계로 나아간다. 도면의 기호는 전 세계 공통이며 말이 통하지 않아도 도면만 보고 공사를 진행할 수 있다. 현장 소장이 '도면대로 하는지 확인'해야 하는 이유가 바로 이런 것이다.

집을 짓기 전 개인이 그림을 그릴 수 있다. 동선에 따라 공간을 그려 넣은 평면도까지는 가능하다. 그러나 여러 법적인 기준대로 치수와 크기를 정확히 맞춰 그린 전체 설계도는 건축사가 해야 하는 일이다.

동선이 한눈에 보이는 평면도

평면은 지금까지 동선을 짜고 그 안에 생각한 공간들의 크기와 관계를 배치해놓는 것이다. 모든 정보를 담아 하나의 기호로 만들어 모자이크 하듯이 평면을 구성해 평면도를 그리는 것에서 설계가 출발한다. 각 공간의 면적, 치수, 가구 배치, 동선 등을 하나하나 체크해봐야 하므로 평면도를 작성하는 데 보통 설계 기간의 50퍼센트 이상이 들어간다고 해도 좋을 정도로 시간이 오래 걸린다. 처음부터 마음에 드는 평면이 나와서 그대로 충분히 발전시켜 나가면 설계와 시공의 완성도를 더 높일 수 있다.

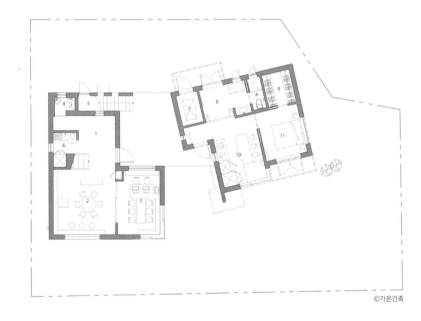

1st FLOOR

1. GALLERY
2. LIBRARY
3. OFFICE
4. TOILET
5. STORAGE
6. SERVICE ROOM
7. BOILER ROOM
8. FRONT ROOM
9. DRESS ROOM
10. KITCHEN
11. BEDROOM

0 1 2 3 4 5M

©가온건축

집의 높이와 구조가 보이는 단면도

단면 계획은 집의 규모를 정하고 층수를 정하고 각 층의 높이, 지붕의 높이와 구조 등을 결정하는 단계이다. 천장에 대해 생각할 때 꼭 함께 따라오는 옵션이 바로 계단이다. 천장의 높이는 계단의 영향을 받는다. 천장 높이에 대해 고민 중이라면 3미터를 기억해야 한다. 층과 층 사이의 높이(쉽게 말해 1층 바닥과 2층 바닥 사이의 거리)를 '층고'라고 하는데, 법적 기준으로 3미터를 초과하면 계단을 만들 때 반드시 계단참이 있어야 한다. 중간에 쉬는 공간 없이 일렬로 바로 곧게 올라가는 계단은 3미터 미만까지만 가능하다는 것이다. 이렇게 되면 계단이 차지하는 면적이 좀 더 늘어나고, 층고가 무조건 높다고 해서 좋은 건 아니기 때문에 대부분 3미터가 기준이 된다.

또 하나 알아두어야 하는 것은 층고와 천장고(ceiling height)의 차이이다. 층고가 3미터라면 아래 바닥에 난방이나 전기 배관 등을 깐 높이를 제외하고 실제 공간의 내부 치수는 2.6미터 정도가 된다. 천장고는 방바닥에서 천장까지의 높이를 말한다. 그러니까 층고가 3미터인 집의 천장고는 2.6미터인 셈이다.

천장고의 높이는 전적으로 건축주의 취향에 따라 달라진다. 확 트인 개방감을 좋아하는 사람이 있는 반면 안정감을 주는 아늑한 느낌을 선호하는 사람도 있다. 천장고가 높은 집은 개방감이 있고 시야가 탁 트여 시원하고 쾌적해 본래 면적보다 넓어 보인다. 땅의 면적이 충분하지 않을 경우 천장을 높여 전체적인 부피를 늘리는 것도 하나의 방법이다.

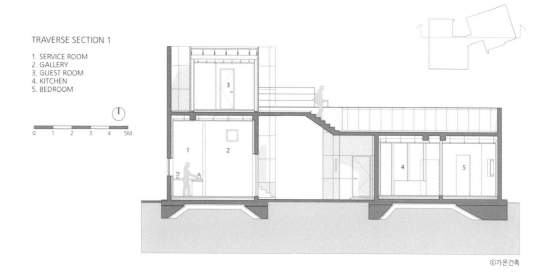

TRAVERSE SECTION 1

1. SERVICE ROOM
2. GALLERY
3. GUEST ROOM
4. KITCHEN
5. BEDROOM

0 1 2 3 4 5M

©가온건축

우리가 경험하는 대부분의 공간은 평면도 비슷하고 높이도 대부분 비슷하다. 아파트의 층고는 심지어 2.2미터밖에 되지 않는 곳도 많다. 그래서 대부분의 붙박이 가구 높이도 그에 맞춰 나온다. 여건이 된다면 층고의 일부 또는 전체를 평균보다 높여 시원한 공간감을 느껴보라고 권하고 싶다. 그러나 건축 비용이나 난방 등의 문제가 걱정돼 선뜻 천장을 높이 올리지 못하는 건축주들이 의외로 많다. 건축 비용이야 어쩔 수 없지만 난방이 문제라면 걱정을 내려놓아도 좋다. 최근 단열 기준이 엄청나게 올라가면서 웬만한 집은 큰 영향을 받지 않고 난방비도 크게 부담스럽지 않다.

천장이 꼭 높을 필요도 낮을 이유도 없다. 자기가 느끼기에 편안한 높이가 가장 좋은 높이다. 그러나 같은 공간을 다양한 변주로 즐기고 싶다면 각 공간의 천장고를 다르게 하는 것도 좋은 방법이다. 여러 높이의 천장은 공간을 다양하게 변화해 삶을 더욱 풍요롭게 해줄 것이다.

집의 얼굴인 입면도

실제로 지을 집의 얼굴은 입면도에 의해 결정된다. 입면도는 단면에서 결정된 집의 높이와 평면도에서 정한 창문의 크기와 높이 등을 반영해서 작성한다. 집의 외장 재료가 무엇이냐에 따른 마감재도 표기해야한다. 스케치업 같은 3D 프로그램으로 시뮬레이션을 해보면 집의 모습을 미리 예측해볼 수 있는데, 예전에는 입면도를 여러 번 고쳐 그려가면서 집의 외관과 재료를 결정했었다. 입면도를 보면서 특히 신경 쓸 것은 창의 높이, 문의 위치, 지붕의 경사도 등이다.

입면도는 도로에서 면한 부분이나 가장 중요한 얼굴이 되는 부분을 정면도, 반대편을 배면도, 나머지를 측면도라고 부르며 4면 이상을 그린다. 동서남북 방향으로 남측면도, 북측면도 등으로 부르기도 한다. 보통 창호도라고 해서 내부에서 밖을 내다보는 창의 모습을 그린 도면이 있는데, 입면에서 보이는 창과 반대 모양이다. 평면도를 여러 번 살펴보듯이 입면도도 꼼꼼히 살펴보고 설계에 반영하면 한층 집의 완성도를 높일 수 있다.

©가온건축

WEST ELEVATION

EAST ELEVATION

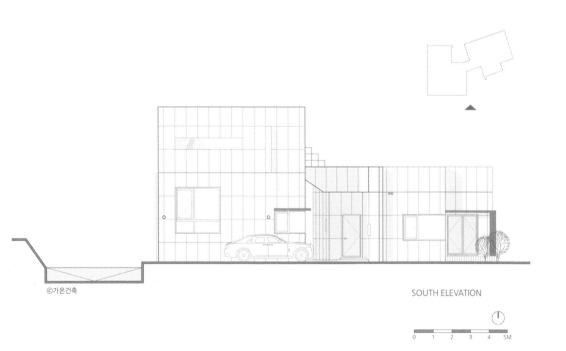

©가온건축

SOUTH ELEVATION

0　1　2　3　4　5M

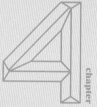

chapter

공간 탐구

1

고정관념을 버린
나만의 집

거실은 줄어들고 침실도 작아지고

코로나19가 삶의 많은 것을 바꾸었다. 이미 작동되고 있었으나 영향이 미미하던 테크놀로지가 전면에 배치됐고, 숨 쉬듯 자연스러웠던 사람들 간의 만남이 정지되었다. 정작 중요한 것은 삶의 가치에 대한 성찰일 것이다. 도시로 끝없이 향했던 열망들이 자연으로 다시 향하게 될지, 대면하지 못한 채 긴 시간을 보낸 후 사람들 간의 정서적 교류가 어떤 식으로 가능할지 고민되는 부분이다.

재택근무나 온라인 비대면 거리 두기가 익숙해지면서 집에 있는 시간이 늘다 보니 집에 대한 관심이 부쩍 늘었다. 취미나 업무 등 집 바깥에서 이루어지던 활동이 집 안으로 들어와야 해서, 일단 더 큰 공간이 필요하다는 이야기도 나왔다. 그러나 어떻게 소통할 것인가에 대한 고민 없이 단순히 공간을 넓힌다고 해결될 문제는 아니다. 시대별로 공간의 의미는 조금씩 변해왔다. 지금 우리에게 필요한 공간은 어떤 곳인지 깊게 생각해볼 필요가 있다.

1970년대만 해도 전화기가 있는 집이 드물어 이웃집 전화를 빌려 쓰고, 냉장고가 없어 찬장을 두고 뒤뜰에 묻은 장독에서 김치를 꺼냈다. 싱크대가 없어 수돗가에서 물을 떠 부뚜막에서 밥을 짓고 보일러가 없어 연탄을 땠다. 시간이 흐르며 빠르게 발달한 기술 덕분에 라이프 스타일이 변화했고 공간도 그에 맞게 달라졌다. 싱크대가 들어오고 냉장고에 김치냉장고까지 집 안으로 들이느라 부엌이 넓어졌다. 식탁을 놓아 더 이상 안방까지 밥상을 나르지 않아도 되니 텔레비전이 있는 거실이 집 안의 중심 역할을 했다.

　　사는 곳이 그 사람의 정체성을 대변해준다는 광고가 사람들을 현혹하며 아파트에 사는 것이 모든 이들의 로망이 되는 듯했다. 그러다 스마트폰이 등장하면서 우리의 일상생활에 꼭 필요하다고 여겼던 많은 것들이 사라졌다. 텔레비전과 시계와 유무선 전화기와 데스크톱과 거실 한가운데 커다란 전축이 있는 풍경은 어느새 향수로 남았다.

　　좁은 집에 여럿이 살 때는 각자의 방에 대한 로망이 있었다. 가장 큰 방을 부모나 조부모가 사용하고 나머지 식구들이 작은 공간에서 부대껴야 했던 시절의 이야기다. 그때는 개별 공간에 힘을 많이 주었지만 요즘은 집의 그 어느 공간보다 식당의 역할이 중요해졌다. 식당은 단순히 식사를 하는 곳에서 가족이 서로 소통하고 이웃과 교류하는 공간이 되었다. 아파트에서 거실이 수행하던 역할이다.

　　거실 하면 소파가 있고 맞은편에 큰 텔레비전이 있고 가운데 긴 상을 놓고 집들이를 하는 전형적이고 익숙한 풍경이 떠오를 것이다. 스마트폰으로 각자 필요한 영상을 찾아보는 시대에 텔레비전이 없는 집도 많아졌다. 외부에 굳이 살림 공간을 공개하고 싶어 하지 않기 때문에 거실은 점점 축소되거나 아예 공간 구성에서 빠지기도 한다.

　　축소되기는 침실도 마찬가지인데 침대, 화장대, 옷장까지 모든 걸 갖춰놓았을 때와 달리 잠을 자는 곳이라는 기능에 충실해져서 단출하게 변하고 있다. 식당과 더불어 넓어지는 곳은 다용도실이다. 다양한 기능의 가전제품들을 놓기도 하고 냄새가 나는 요리를 따로 할 수 있는 두 번째 주방 개념으로 점점 확장하고 있다. 아무래도 요리에 취미가 없는 사람들은 두 번째 주방은커녕 기존의 주방 공간을 축소하기도 한다. 식생활에 따라서 취미에 따라서 공간은 얼마든지 달라질 수 있다.

가족마다 자신만의 동선을 찾아보자

내가 혹은 우리 가족이 가장 중요하게 생각하는 공간은 어느 곳인지 생각해본다. 공간 구성을 정하는 기준은 역시 '나의 생활 패턴'이다. 매일 밤 자기 전 와인을 한 잔씩 한다거나, 메인 요리보다 디저트에 관심이 더 많거나, 그 무엇보다 목욕이 제일 중요하거나, 사람에 따라 주요 공간이 달라지는 건 너무나 당연한 일이다. 부엌은 이래야 하고 화장실은 이래야 하고 거실은 이런 모양이어야만 한다는 고정관념을 버리는 것이, 공간을 정하기 전 해야 할 일이다. 나에게 맞는 옷을 입듯이 집도 내 삶이 담긴 공간이어야 한다.

그동안 거주의 표준으로 대변되던 아파트 생활은 우리들에게 공간에 대한 고정관념을 심어주었다. 우리나라 아파트의 가장 큰 장점은 모든 공간을 아주 치밀하게 구성해놓고 허투루 낭비되는 공간을 극단적으로 줄여놓은 것이다. 한때 아파트는 이른바 '데드 스페이스(dead space, 이용되지 않는 혹은 이용 가치가 없는 공간이나 틈)'의 최소화가 최고의 목표였다. 같은 면적에서 가장 많은 방을, 가장 넓은 거실을 뽑아내는 것이 그 건설사의 실력으로 측정되었다. 방과 방 사이 공간과 공간 사이의 여백이 극단적으로 축소된 구조로 완성되었다. 그러나 아파트의 가장 큰 단점 역시 그 지점이다. 모두 한 공간에서 서식하고 같은 곳을 바라본다. 서로가 서로를 피할 수 없는 숙명을 가진, 마치 한 몸에 여러 개의 머리를 달고 다니는 신화 속의 인물처럼, 혹은 이인삼각의 놀이처럼 같이 몰려다녀야만 했다. 집으로 들어가면 거실의 시선을 피할 수 없고, 거실에 앉아서도 모든 방으로부터의 시선을 받아야 한다. 잠깐 눈을 돌릴 수 있고 몸을 뺄 수 있고 생각을 비우기도 채우기도 하는 틈새 공간이 있어야 한다. 그래서 우리에게는 복도가 필요하고 마당이 필요하다. '데드 스페이스'는 죽은 공간이 아니라, 살리는 공간이기도 하다.

전업주부, 맞벌이 부부, 은퇴 부부 등에 따라 공간 분할이 달라진다. 하루 종일 같이 생활하는 은퇴 부부라면 혼자만의 시간을 가질 수 있는 개별 공간에 힘을 주고, 전업주부가 있다면 주부의 동선을 생각해 공간을 가장 효율적으로 짧게 배치하고, 맞벌이 부부라면 정리하기 편리한 수납장을 잘 갖추어 시간을 효율적으로 쓸 수 있는 공간 구성을 권한다. 자녀의 수와 몇 세대가 함께 사는가에 따라 공간 구성이 또 달라질 수 있다. 중요한 것은 집에 가장 오래 있는 사람이 집의 중심이 된다는 것이다. 살림을 주도하는 사람의 의견에 귀를 기울이는 게 좋다.

모든 공간을 마음에 들게 만들려면 집이 커져야 하는데 비용이나 면적의 제한이 발생한다. 모두 만족할 수 없다면 선택과 집중이 필요하다. 〈건축탐구-집〉 프로그램을 통해 여러 집을 다니며 보니 어느 집 하나 같은 곳이 없었다. 개개인의 라이프 스타일에 최적화되어 있는 집들은 생소한 공간 구성이라도 참 편안한 느낌이었다. 공간의 구성이야말로 일반화할 수도 없고 해서도 안 된다. 인생의 마지막 집이라는 생각으로 신중하게 공간의 의미를 충분히 고민하는 게 좋다.

맞춤옷같이 편안한 집

어느 날 우리가 집에서 활용하는 면적은 몇 평이나 될까 하고 계산해봤다. 아이들도 다 커서 따로 살고 맞벌이로 일을 하니 요리는 가끔 할 뿐, 집에서 열심히 챙겨 먹지도 않는다. 퇴근하고 돌아와 누워서 책을 보는 공간, 침실과 욕실 정도가 가장 자주 사용하는 공간이었다. 그 공간을 생각하며 하나씩 하나씩 지워 나가면 정말 꼭 필요한 공간과 면적이 나온다. 그걸 바탕으로 공간을 만들면 모자람도 없이 내게 꼭 맞는 집이 지어질 것이다.

경남 김해에 사는 '멋진 할아버지'가 되고 싶다는 꿈을 담아 지은 멋진 할아버지 집의 건축주는 인생의 마지막 집이라고 생각하고 자신에게 꼭 맞게 공간을 배치했다. 5년에 걸쳐 건축 잡지를 스크랩하고 여러 집을 구경하고 마침내 '맞춤옷 같은 집'을 짓겠다고 결론을 냈다. 치열하게 살다 문득 바른 길로 가고 있는 것인가 하는 삶에 대한 고민 끝에 지은 집은 운동을 하는 취미방, 문화 소양을 쌓을 수 있는 글방, 살림하는 아내의 편리를 배려한 안채 생활공간으로 나뉘어 있다. 커다란 집 한 채에 너른 마당 하나의 단조로운 구성이 아니라 공간을 나눠 각각의 느낌을 다르게 했다.

곳곳에 틈이 많은 집이었는데 빈틈없는 공간 구성보다 여유롭고 색달랐다. 공간을 구성하면서 중심에 놓고 생각한 내면의 소양, 건강한 몸, 편안하고 빈듯한 생활은 인생의 마지막까지 키워내고 지키고 싶은 것들이었다. 집을 지으면서 여러 가지 욕심이 들고 났지만 이 집 저 집 찾으

인생의 마지막 집이라고
생각하고 공간을 배치한
경남 김해의 멋진
할아버지 집. 취미방, 글방,
생활공간으로 나눠 각각의
느낌을 다르게 했다.
설계 ㈜아키텍케이
건축사사무소.

며 깨달았던, 내게 맞는 집이 가장 좋은 집이라는 철학이 꿋꿋하게 중심을 잡아주었다. 🏠 〈건축탐구-집〉 시즌 1 '4화 내 인생의 마지막 집'

충북 제천에서 백 살을 앞둔 노모와 일흔의 아들이 함께 사는 집은 공간을 크게 셋으로 나누었다. 평생 초등학교 교사를 하고 퇴직한 아들은 선생 노릇을 하느라 마음껏 펼치지 못한 그림에 대한 꿈을 집에 담았다. 아파트에 사는 게 재미도 없고 어머니와 자연에 사는 게 좋을 것 같아 퇴직하기 전에 그림을 그리러 다니며 땅을 봤다. 그는 지금 살고 있는 집터를 만났을 때 빛이 환하게 밀려오는 모습에 반했다. 따뜻한 햇살이 이토록 예쁜 집이라면 노모에게도 자신에게도 분명 좋으리라 생각했다.

긴 집은 세 공간으로 나뉜다. 왼쪽은 그림 작업실, 중앙 대청 앞쪽은 어머니의 테라스를, 뒤쪽은 자신의 툇마루를 놓고, 맨 오른쪽에 방과 부엌과 작은 거실이 있는 생활공간을 두었다. 백 살을 바라보면서도 매사에 쉬는 법이 없는 어머니에게 테라스는 놀이 공간이자 쉼터가 되었고, 툇마루는 인생의 마지막 집에 꼭 놓아야겠다는 오랜 다짐을 실현한 공간이 됐다. 하나인 듯하지만 독립된, 따로 떨어진 것 같지만 연결된 집인 '유소헌'. 아들의 독립된 생활을 보장하면서 동시에 어머니를 잘 보필할 수 있도록 배려한 생각이 담긴 집이었다. 🏠 〈건축탐구-집〉 시즌 1 '4화 내 인생의 마지막 집'

아파트의 빈틈없이 단정한 공간이 영 답답했지만 아이들을 키우며 그럭저럭 견디던 경남 창원의 어느 건축주는 아이들이 독립해 나가고 빈둥지증후군을 겪으면서 집을 짓기로 마음먹었다고 한다. 집을 통해 표

충북 제천에서 노모와 아들이 함께 사는 집. 아들은 긴 집을
세 공간으로 나눠 왼쪽은 그림 작업실, 중앙 대청 앞쪽은 어머니의
테라스, 뒤쪽은 자신의 툇마루를 놓았다. 설계 유타건축.

준화된 삶에서 나만의 기준이 있는 삶으로 전향한 부부는 자신들의 집을 '재미있는 집'이라고 부른다. '재미있는 집은 좋은 장난감'이 된다고 생각하는 그 건축주는 5년 전 집을 지은 후에도 계속 다듬고 있다. 보수가 아니라 집을 업그레이드하는 작업이라고 한다.

　　재미있는 집이라고 해서 외형에 색다른 장식을 붙였다거나 특이한 재료를 쓴 것은 아니다. 집의 내부 높이나 계단의 위치가 일반적인 집들과 아주 다른 구조인데, 밖에서는 그다지 눈에 띄지 않는다. 도심 주택가에 창 하나를 앞으로 튀어나오게 크게 내고, 또 하나의 집을 품은 듯한 외관의 집은 2층 높이에 다락이 있는 구조였다. 1층 입구에 들어가면 뜻밖의 공간을 만나는데 아주 넓은 홀이다. 들어서자마자 아무것도 없이 뻥 뚫린 마치 학교 강당 같은 홀이 나온다.

　　중앙 계단을 통해 2층으로 올라가면 개방형의 거실이 나오고 반층 더 올라가면 주방과 생활공간이 나온다. 주방 안쪽에 침실이 있는데 문이 없이 가벽으로 가린 구석 공간이고 옆쪽에 손님방이 하나 있다. 엄밀한 의미에서 그 집은 방 하나짜리 집이다. 일반적인 틀에서 완전히 벗어난 공간 구성이다. 문 없이 열려 있는 공간 하나하나가 수직으로 연결돼 각자 방의 역할을 하는 독특한 구조를 가진 집.

　　건축주 부부는 집이 비어 있지만 허전하지 않길 바랐다. 생활공간을 최소화하고 여백을 많이 두어 언제라도, 누구라도 와서 즐길 수 있도록 했다. 1층의 넓은 홀에서는 음악 감상과 영화 감상을 하거나 마을 사람들이 모여 악기 연주도 하고 가끔은 체육관으로 변신하기도 한다. 아파트에 살 때는 손님을 초대하기도 부담스러웠는데 지금은 여러 이웃들과 함께 시간을 보내니 그것도 좋은 일이다. 아이들이 떠나고 허한 마음은 이사를 오고 사라졌다. 비워둔 공간이 여러 사람들로 채워졌기 때문

경남 창원의 '재미있는 집'.
생활공간을 최소화하고 여백을
많이 두어 언제라도 누구라도
와서 즐길 수 있도록 했다.
1층 홀에서는 음악 감상과
영화 감상을 하고, 마을 사람들이
모여 악기 연주도 하고 가끔은
체육관으로 변신한다.
설계 유타건축.

이다. 〈건축탐구-집〉 시즌 1 '12화 아파트를 떠난 사람들, 즐거운 나의 집'

　　공간이 꼭 커야 하는 건 아니다. 현대건축의 기틀을 만들었던 프랑스 건축가 르 코르뷔지에는 말년에 바닷가에 작은 오두막을 짓고 살았다. 평생 수많은 건물을 설계하고 최고의 건축가로 이름을 알린 그가 지은 오두막은 4평 남짓. 그 집은 르 코르뷔지에가 자기 자신을 위해 지은 유일한 집이었다. 바다가 보이는 아름다운 언덕 위에 지은 그 집은 카바농(Le Cabanon, 오두막)이라는 이름으로 필요한 것만 놓인 최소의 공간이었다. 먹고 자고 기도하기 위해 지은 수도사의 거주공간에서 영감을 얻었다는 카바농. 근처에 있는 친구의 레스토랑에서 신선한 음식을 먹고 날이 좋으면 바다로 수영을 가던 르 코르뷔지에에게 4평 공간은 충분하고 충만했다.

르 코르뷔지에가
자신을 위해 지은
4평 남짓의 오두막.

무장애 공간

우리가 늘 건강한 채로 살면 좋겠지만, 나이를 먹으면 기능이 퇴화되기도 하고 몸이 불편해지기도 한다. 그래서 노인이나 몸이 불편한 사람이 집에 있을 때 집을 어떻게 꾸며야 할 것인가에 대해 많은 논의가 있다.

기본적으로 일단 바닥의 단 차이가 없어야 한다. 단이 있으면 휠체어가 올라가지 못한다. 가령 휠체어나 목발 같은 걸 짚을 때 움직일 수 있는 폭이 필요하다. 문을 여는 것에 대한 고려, 복도를 걸을 때 기댈 수 있는 난간을 만들거나 모서리도 최소화해서 곡면으로 처리한다든가, 고무 같은 걸로 범퍼를 설치해서 부딪쳐도 다치지 않게 하는 방법에 대한 고려를 많이 한다. 📺 〈건축탐구-집〉 시즌 3 '38화 노인을 위한 아파트'

그걸 '무장애 설계'라고 부르며 의무화하고 일정 부분 법적으로도 정해두었다. 인권을 떠나 기본적으로 누구나 쉽게 접근할 수 있어야 하기 때문이다. 예전에는 방문에 문틀이 바닥까지 있어서 문을 닫으면 방음이 잘되도록 했는데, 요즘은 문틀을 만들더라도 바닥은 없애는 추세다. 청소기를 돌릴 때부터 시작해서 휠체어나 유모차로 이동할 때도 편리하도록 말이다. 기본적인 턱이 아주 없으면 안 되는 게 현관 같은 곳인데, 그럴 때는 그 사이에 경사로를 설치해서 어찌됐거나 바퀴가 굴러갈 수 있도록 만들어준다.

집을 다 지은 상태에서도 나중에 설치할 수도 있지만 처음부터 고려하는 게 좋다. 일단 집의 바닥이 땅의 표면에서 보통 30센티미터 정도 올라가 있기 때문에 원래는 현관에서 집까지 한두 단 정도 계단을 오르게 되는데, 그 옆에 경사로를 설치해서 유모차나 휠체어도 올라갈 수 있게 한다든가, 휠체어를 꺼낼 수 있도록 문 옆에 여유 공간을 1미터 정도 만들기도 한다.

문을 열고 휠체어를 꺼내고 문을 닫을 수 있는, 그런 공간을 만들기 위해서도 그렇고, 문도 좀 넓게 만들어 섬세하게 신경을 쓰면 좋다. 자동으로 처리할 수 있

전남 장성군 공공실버주택인 옐로우시티 아파트의 넓은 복도. 휠체어를 탈 때
편안하게 다닐 수 있도록 보통의 아파트보다 복도를 넓게 만들었다.

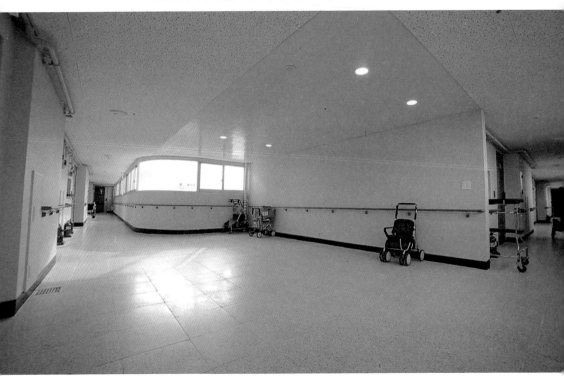

는 건 스위치로 처리할 수 있게 해준다든지. 휠체어가 들어가기만 하면 될 것 같지만 휠체어가 지나갈 때 누가 옆에 지나가야 한다면 그 여유 폭까지 고려해야 한다.

휠체어의 경사도는 보통 7분의 1인 주차장의 경사도나 경사로의 12분의 1보다 훨씬 낮은 20분의 1 이상이라고 보아야 한다. 즉, 1미터를 올라가려면 경사로가 20미터 필요하다는 것이다. 아파트 현관을 보면 계단은 두 단밖에 안 되는데 경사로는 길게 돌아 내려가게 되어 있다. 그때의 경사로는 완만할수록 좋다. 급하게 오르내릴 때 위험하기 때문이다.

화장실은 꼭 휠체어가 들어가지 않더라도 몸이 불편한 노인이 있으면 욕조 양쪽에 손잡이를 설치해서 잡고 앉고, 잡고 일어날 수 있게 해주어야 하다. 심지어 화장실의 타일 사이즈까지 고려해야 하는 게, 타일의 면이 너무 크면 미끄럽기 때문이다. 큰 사이즈보다는 자잘한 사이즈의 타일을 쓰면서 줄눈을 넣어서 논슬립(미끄럼 방지)의 효과를 주기도 한다.

앞으로는 평균수명이 늘어나고 연령대가 높아지면, 단순하게 집의 면적이나 공간만 생각할 게 아니라 집은 작더라도 화장실은 넓어서 불편할 때 손잡이 같은 것들을 설치할 수 있게 해주든지, 문의 폭을 넓게 해준다든지 하는 것들을 고려해야 한다.

개인 주택에서 이런 걸 고려한 극단적인 사례가 있는데, 프랑스의 보르도 하우스라는 집이다. 주인이 사고를 당해서 휠체어를 타게 돼 그에 대한 배려로 집 한가운데에 움직이는 방이 있다. 3×3.5미터의 벽 없이 바닥만 있는 엘리베이터를 설치해 문으로 드나드는 것이 아니라 바닥 자체가 오르내리고, 턱이나 문 없이 방으로 이어지도록 되어 있다.

불편한 몸에 대해 생각하는 것이 쉽지 않은 일이지만, 그것에 대해서 소극적으로 생각하지 않고 적극적으로 공간을 통해 해결할 수 있고 장치로도 도움받을 수 있다는 걸 보여주는 사례다.

2

함께 쓰는
공간

부엌은 집의 중심

　　몇 년 전부터 요리와 관련한 콘텐츠들이 인기를 얻더니 요리하는 섹시한 남자를 줄인 '요섹남'이라는 신조어까지 생겨났다. 어디 남자가 부엌에 들어가느냐는 말은 옛말이 되었다. 꼭 남자들에 국한된 것은 아니다. 코로나19 사태도 한몫 거들었지만 일과 생활의 밸런스인 워라밸이 라이프 스타일로 부각되면서 집에서 신선한 재료로 요리하는 건강한 집밥이 트렌드로 자리 잡았다. 가족 혹은 가까운 사람들과 편안하게 집에서 좋은 식재료로 맛있는 음식을 만들고 나눠 먹는 모습이 낯설지 않다.

　　집에서 부엌이 중요해진 건 그런 유행이 있기 전부터다. 2010년대 초반 무렵부터 부쩍 집 짓기에 대한 관심이 높아지면서 거실이나 침실을 먼저 배치하고 나머지 공간에 부엌과 화장실을 넣던 예전과 달리, 부엌과 화장실이 전면에 등장하기 시작했다. 집 안의 다른 어떤 공간보다 우선시되는 넓고 쾌적한 부엌은 변화하는 라이프 스타일을 반영한 결과로 보인다. 집에서 방의 수는 줄일 수 있어도 부엌은 없앨 수 없다. 없애기는커녕 집 안의 중심으로써의 역할이 점점 더 커지고 있다.

　　부엌이라는 공간을 생각할 때 잊지 말아야 할 것은 부엌의 핵심이 '작업실'이라는 것이다. 요리는 가사 노동 중에서도 하루에도 몇 번씩 반복되는 작업인 만큼, 모든 도구들이 편리한 위치에서 쉽게 꺼냈다가 수납할 수 있어야 하고 동선의 낭비를 가급적 줄여야 한다. 예전에는 주부 혼자 작업하는 공간이었지만 요즘은 가족이 함께 준비하는 경우가 늘면서 공간 구성 방식이 무척 다양해졌다.

예전에는 살림살이가 노출되는 걸 부끄럽게 생각해 아예 문을 달거나 부엌 안쪽이 보이지 않는 폐쇄형 구조가 주를 이뤘다. 그러나 부엌이 나를 드러내는 개성의 표현이 되는 시대인 지금은 개방형을 선호한다. 이제는 엄마뿐 아니라 온 가족이 공동으로 사용하는 공간이다 보니 여럿이 쓸 수 있도록 개수대나 싱크대의 위치와 넓이 등을 조정한다. 키가 작은 가족에게 불편한 위치이던 상부 장은 하부 장으로 바뀌는 추세다. 상부 장의 자리에 커다란 창을 놓으면 환기도 잘되고 밝은 빛이 들어와 요리하는 시간 동안 지루하거나 답답하지도 않다.

한동안 값비싼 싱크대를 놓는 게 유행이었다. 비싼 마감재의 문을 달고 서랍이 부드럽게 열리고 닫히며 고급스런 이미지를 연출할 수 있는 싱크대를 비싼 값을 주고 설치하고 자랑한다. 한 브랜드에도 보급형 모델이 있고 고급형 모델이 있고, 수입 브랜드는 그보다 몇 배 더 비싼데도 인기가 좋다고 한다. 이왕 새로 짓는 집에 남들보다 좋은 가구, 좋은 싱크대를 설치하고 싶다는 욕망을 부추긴다. 사실은 물이 잘 나오고 넓고 편리한 작업대만 있으면 아무 문제가 없는데, 부엌을 과시의 장소보다는 자신의 기호와 습관을 고려해 구상한다면 나만의 개성 있고 멋진 공간으로 살아날 것이다.

대가족이 함께 지내거나 제사나 가족 행사가 많은 집은 무엇보다 부엌을 넓게 계획한다. 경북 청도의 뾰족한 지붕이 멋스러운 하얀 집에는 8남매의 장남인 조규호 어르신 부부가 사신다. 30년 만에 나고 자란 고향 집으로 돌아오면서 옛집을 허물고 새로 집을 지었다. 청춘을 보내면서 언제나 그리웠던 고향 집이었다. 조규호 어르신은 형제들이 좀 더 편하게 모이고 아내의 고생도 덜어주기 위해 신축을 했다고 한다. 설계는 건축가인 아들 조문현 씨가 맡았는데, 집안 사정을 잘 아는 아들이 하니 여러모

경북 청도의 뾰족한 지붕이 멋스러운 하얀 집. 다락을 제대로 활용하기
위해 가파른 경사를 만든 뾰족한 지붕. 제사도 자주 있고 친척들이 많이
모이기에 넉넉한 거실과 부엌이 특징이다. 설계 문아키건축사사무소.

로 가족들에게 맞춤으로 편리한 집이 지어졌다. 이 집의 특징은 다락을 제대로 활용하기 위해 가파른 경사를 만든 뾰족한 지붕과 넓은 거실과 부엌이다. 한 달에 한 번꼴로 제사며 가족 행사를 위해 삼사십 명의 친척이 모이기 때문에 넓은 부엌은 필수였다. 두 개의 문으로 거실과 연결된 부엌은 싱크대 두 개가 평행하게 배치되어 여러 명이 모여 일할 수 있도록 되어 있고 쾌적함을 위해 가스레인지 위에 에어컨도 달아두었다. ▚〈건축탐구-

집〉시즌 3 '24화 다시, 고향 집으로'

거실 대신 서재

우리 가족은 모이기만 하면 거실을 잘 벗어나지 않는다. 한군데 모여 책을 읽고 공부와 일을 하고 함께 텔레비전을 본다. 누가 시킨 것도 아니고 원칙을 정해놓지도 않았지만 저절로 그렇게 되었다. 어떨 때는 우리 집은 큰 방 하나만 있어도 되겠다는 생각이 들기도 한다. 아직까지 우리 가족에게 거실은 여전히 중요한 공간이지만, 예전에 비하면 그 활용도가 점점 축소되는 공간이기도 하다.

근대화 과정에서 한옥과 관련된 것이 전 근대적이라고 비난받기 시작하면서 서구의 세련된 입식 문화의 상징으로 부상한 거실이 이제는 쓸모를 찾기가 애매해진 공간으로 변했다. 거실은 집의 중심으로 주인이 따로 없는 공적 공간인데 개인 중심의 시대에 굳이 필요하지 않게 된 것이다. 스마트 기기가 생기면서 함께 텔레비전을 보기 위해 둘러앉아 있던 시간들은 이제 옛일이 되었다.

대가족이 모여 살던 예전처럼 집에 손님이 많이 오지도 않거니와 손님이 오더라도 조촐하고 오붓하게 식탁에 모여 차를 즐기거나 하면서 더 이상 보여주기 위해 거실 공간을 넓힐 이유가 없어졌다. 거실이라기보다 가족실 혹은 취미실의 개념으로 접근해보는 것도 방법이다. 거실을 과감하게 줄이고 그 면적을 식당에 할애하거나 아예 서재로 꾸미기도 한다. 상징적인 의미만 두고 부엌의 부속 공간 정도로 설정해도 나쁘지 않다.

경기도 가평에 지은 '존경과 행복의 집'은 서로의 생각과 생활을 존중하며 남편이 재택근무를 할 수 있는 공간을 집에 함께 두고자 했다.

마침 두 사람이 결혼 전부터 가진 책을 모으면 벽 하나를 모두 책꽂이로 만들어야 할 정도로 많아서 거실과 업무 공간과 서재의 기능을 합친 '도서관' 같은 거실이 되었다. 침실과 부엌과 그에 딸린 드레스룸, 욕실로 단출하게 구성된 주거동에서 1.5배의 높은 층고에 사무실과 거실을 합친 거실동으로 가기 위해서는 1층에서 현관을 나와 짧은 출근길을 거쳐 다시 문을 열고 들어가야 한다. 안으로 들어서면 복층처럼 구성된 높은 책장에 사다리 대신 브리지가 달려 있어 책을 골라 걸터앉을 수도 있는 휴식 공간의 역할도 겸한다. 책도 읽고 차도 마시고 손님이 여럿 찾아오면 만찬을 즐기기도 하는 다용도 거실은 아예 신발을 신고 들어가는 입식으로 구성해 누구나 편하게 들어올 수 있는 공공의 성격을 띤 공간이 되었다. 🏠〈건축탐구-집〉 시즌 3 '2화 인생 첫 집'

주거동과 거실동으로 나뉜 경기도 가평의 '존경과 행복의 집'. 책도 읽고
차도 마시고 만찬도 즐기는 다용도 거실의 모습. 벽 하나를 모두 책꽂이로 만든
책장에는 브리지가 달려 있어 휴식 공간을 겸할 수 있다. 설계 가온건축.

사진 ⓒ김용관

복도의 재발견

우리나라에서 복도가 있던 건물은 경호가 중요한 궁궐 정도였다. 대청마루를 통해 앞뒤로 트인 구조의 집을 짓고 살던 우리에게 가로로 긴 통로는 굳이 필요하지 않았던 듯하다. 복도는 방과 방 사이를 잇는 동시에 다양한 역할을 수행한다. 길게 연결된 벽을 갤러리로 활용하거나 책장을 두어 책을 읽고 휴식할 수 있는 작은 거실의 기능으로도 사용할 수 있다. 복도가 복잡하게 이어지는 공간은 마치 미로처럼 방향을 잃게 만들기도 하고 무한한 상상력을 불러일으키기도 한다. 땅 위에 반듯한 사각형의 집을 얹은 구성에 비해 여러 개의 덩어리로 나누고 회랑이나 복도를 통해 이어지기도 하고 멀어지기도 하는 유연성을 주면 움직임이 더 많은 집이 된다.

충남 금산에 부모님이 계신 곳으로 귀향해 집을 지은 서경화 건축가는 집의 복도를 단순한 통로가 아니라 수납공간을 겸하도록 설계했다. 부모님과 자녀, 손주 삼대가 사는 집에 부모 영역과 자녀 영역으로 생활공간을 분리해 다시 모인 어른들이 살면서 혹시 느낄 수도 있는 불편함을 줄였다. 건축가는 재미없는 공간이라고 겸손하게 말했지만, 복도를 중심으로 한쪽은 각 방에 들어갈 붙박이장을 모아 싱크대까지 숨긴 기다

충남 금산에 지은 서경화 건축가의 집. 복도를 중심으로 나란히 놓인 방과 맞은편의 수납공간은 흥미롭다. 싱크대를 숨기고 벽 전체를 수납장으로 만든 아이디어가 좋다. 설계 플라잉건축사사무소.

란 수납장으로 만들어 효율성을 높인 아이디어가 무척 흥미로웠다. 맞은 편의 침실들은 따로 떨어져 살다가 모이게 된 자매가 공평하게 같은 크기의 방을 갖도록 해서, 민주적이면서 편리함을 더한 현명한 설계였다. 〈건축탐구─집〉 시즌 2 '5화 집으로 쓴 편지'

대부분의 건축주들은 복도가 데드 스페이스라고 생각하고 꺼리는 경향이 있다. 쓸데없이 면적을 차지한다는 걱정 때문인데, 사람이 교행하려면 1.2미터 정도의 폭을 가져야 하기 때문이다. 그러나 그 거리가 잠시의 여유를 주고 복잡한 일상의 여백을 만든다. 복도에 창을 크게 내서 쉴 공간을 만들거나, 중정을 가운데에 두어 복도를 지나며 마당이나 정원의 풍경을 감상하게 하거나, 독립적인 공간으로 배치해 뜻밖의 쉼터처럼 만들 수도 있다. 복도에 대한 생각의 전환이 공간에 대한 전형적인 고정관념으로부터 벗어나는 출발점이다.

3

사적
공간

휴식을 취하는 침실과 깔끔한 드레스룸

예전에는 한방에서 공부도 하다 밥도 먹고 잠도 자는 등 다용도로 쓰면서 살았지만, 현대에 와서는 놀 때, 쉴 때, 잘 때, 각각의 모든 공간이 그 기능에 맞게 분리되는 추세다. 침실을 생각할 땐 일단 잘 쉬고 다음 날 활동할 에너지를 충전할 수 있도록 쾌적하게 유지해야 하는 게 가장 먼저다.

안방이 집의 중심이던 시절을 지나온 영향인지 최근까지도 가장 볕이 잘 든다는 남향은 늘 침실의 몫이었다. 그러나 침대 생활이 보편화되면서 침실이라는 공간은 이름 그대로 잠을 자는 곳이 되었다. 하루의 마무리를 하며 조용히 휴식을 취하는 공간은 움직임이 거의 없어 꼭 남향을 고집하지 않아도 된다. 햇빛의 조도가 일정한 북향에 침실을 두는 것을 더 선호하는 사람도 있다. 향만으로도 아늑한 분위기가 만들어지기 때문이다.

아침 일찍 일어나 활동하는 사람이라면 동향에 방을 배치해서 창의 크기를 적당히 내고 벽지 컬러로 공간에 변화를 준다면 동트자마자 밀려오는 햇빛에 따라 변화하는 공간을 즐길 수 있다. 고국에서 산 시간보다 한국에서 지낸 시간이 더 길어졌다는 독일 출신 프리랜서 언론인 안톤 숄츠 씨가 전라도 광주에 지은 집의 침실이 바로 그런 형태다. 독일과 한국의 문화나 사회적 이슈를 서로에게 알리는 일을 하기 때문에 시차 문제로 아침 일찍부터 업무를 시작하는 그는, 침실 동쪽에 창을 내고 한쪽 벽을 짙은 녹색으로 칠해 차분하고 아늑한 느낌을 더했다. 설계부터 완공까지 3년에 걸쳐 천천히 집을 지으며 가장 중요하게 생각한 것은 자연과 집의 조화였다. 다른 공간은 창을 크게 내어 자연을 만끽하도록 했지만 침실만큼은 작은 창으로 오히려 특별함을 더했다. 📱〈건축탐구-집〉시즌 1

'9화 대한외국인, 그들이 선택한 집'

침실의 가장 큰 변수는 공간을 사용하는 사람들의 습관이다. 사람마다 휴식의 방법이 다르므로 부부나 가족이 함께 침실을 쓸 때 각자의 성향을 배려하는 공간으로 구성하는 게 좋다. 잠자는 시간이 다르거나 한쪽은 더위를 못 견디고 한쪽은 추위를 심하게 타는 등의 체질 차이, 수면 패턴의 차이 등을 잘 살펴본 뒤 공간을 구성하는 것이 좋다. 혹시 한쪽이 침실에서 책 읽는 습관이 있는 경우 책상과 침대 사이에 칸막이를 둔다거나, 싱글 침대를 두 개 놓을 정도의 크기로 만든다거나, 조명을 양쪽에 나눠둔다거나 하는 식이다.

수면의 질이 높으면 삶의 질이 올라간다는 말이 있다. 잠을 자는 공간은 안정적이고 고요하며 정리가 잘되어 있어야 한다. 아이들의 방은 보통 침대, 책상, 옷장 등이 한 세트로 구성되는데, 문제는 자랄수록 독립된 공간을 원하면서 점점 방에서 나오지 않게 된다는 것이다. 우리 집의 경우 아이 둘에게 각각의 방을 주지 않고 하나는 공부방, 하나는 같이 자는 침실로 정해주었다. 이런 식으로 자는 공간과 공부하는 공간을 구분해주는 것은 남매라면 쉽지 않겠지만 동성 형제라면 권할 만하다.

아이를 둔 건축주들에게 꼭 하는 조언 중 하나는 생각보다 아이들이 빨리 자란다는 것이다. 귀여운 유년기의 아이가 쓸 방이라고 당장 아이가 원하는 너무나 아이다운 방으로 꾸며줄 때가 많은데, 아이가 그 방을 좋아하는 시간은 너무 짧다. 당장 청소년만 돼도 알록달록 귀여운 벽지의 취향에서 벗어난다. 수납장이나 소품 등 바꿀 수 있는 가구로 아아침 일찍부터 업무를 시작하는 안톤 숄츠 씨의 침실.
침실 동쪽에 작은 창을 내고 한쪽 벽은 짙은 녹색을
칠해 아늑한 느낌을 더했다. 설계 건축사 최승민.

이 방을 연출해주고, 공간 자체는 훗날을 생각해 단순하고 쾌적하게 꾸미면 좋겠다.

침실의 수납은 붙박이장이나 드레스룸 중에서 선택하는데, 방의 크기가 작아지면서 붙박이장 대신 드레스룸을 사용하는 사람들이 많아졌다. 옷을 입고 벗거나 보관할 때의 먼지 같은 것들이 침대로 떨어지거나 하는 것보다 드레스룸으로 분리하는 것이 낫다고들 생각하기 때문이다. 그런데 한쪽 벽을 붙박이장으로 활용하는 것에 비해 드레스룸의 용량이 생각보다 그리 크지 않다. 계절별 옷도 걸고 가방이나 소품들도 보관하며 제대로 사용하려면 거의 방 크기의 절반 정도를 차지한다. 안방 하나가 차지하던 면적보다 작은 침실과 드레스룸이 차지하는 면적이 더 크게 마련인데, 문이 하나 더 생기고 그에 따른 동선도 고려해야 한다는 것을 명심하자.

쾌적한 공간, 화장실과 욕실

아파트는 방과 방 사이 남는 공간에 화장실을 끼워 넣는 경우가 많으니까 대부분의 화장실에 창도 없고 환기구에만 의존해야 해서 답답하다. 단독주택의 경우엔 창을 크게 내달라는 요구가 있고, 먼저 적극적으로 권하기도 한다. 요즘은 화장실에서 목욕을 하거나 반신욕을 하면서 오랜 시간 머무는 경우가 늘어나니 쾌적하게 만드는 아이디어를 많이 제안한다. 화장실 앞에 바로 면한 정원을 만들거나, 큰 창을 달고 밖에선 보이지 않도록 담을 따로 두거나, 그런 식으로 오히려 화장실을 하나의 제대로 된 방으로 만드는 것이다. 잠깐 앉아 있는 공간이 아니고 독립적인 휴식의 공간이 될 수 있도록 많이 유도하는 편이다.

집의 규모에 따라 화장실이 한 개인 집도 있고 여러 개인 집도 있는데, 가령 식구가 세 명만 넘어가도 아침에 출근하고 학교에 가야 하면 화장실 사용 때문에 번거로운 경우가 있다. 한 명은 세수하고, 한 명은 샤워하고, 이런 식으로 나눠서 쓸 수 있도록 새로 짓는 집에는 분리형 화장실을 많이 도입하고 있다. 세면대, 변기, 샤워실 등을 따로 나눠놓으면 하나라도 동시에 여러 명이 활용할 수도 있고, 아침에 바쁜 사람들에겐 훨씬 효율적이다. 그래서 아파트를 새로 개조할 때 세면대만이라도 변기와 분리하는 경우도 많다. 한 공간에 변기와 욕조 세면대를 모두 넣으면 가로 폭이 1.8미터 정도면 되는데, 분리한다면 벽 두께와 문을 열고 닫는 공간까지 고려해 면적을 잡아야 한다.

면적이 넓지는 않더라도 식구마다 하나씩 화장실을 배정해서 불편하지 않게 하자는 사람도 있고, 오래 머무는 곳이니까 아예 책꽂이 등을 꼭 만들어달라는 경우도 있다. 화장실에 책을 놓기 위해서는 습하지 않아야 하니까 환기를 잘 시켜야 하고 조명이나 채광을 잘 고려해 밝은 공간으로 만들어야 한다. 화장실도 맞춤형으로 발전해나가는 것이다.

반신욕만 자주 하니 작은 욕조만 있으면 된다든가, 욕실에 들어가서 느긋하게 있는 걸 좋아하니 아이와 목욕하는 시간을 갖도록 아예 욕조를 맞춤형 목욕탕처럼 크게 만들어달라고 하기도 한다. 어떻게 보면 저녁에 욕실에서 머무는 그 시간이 하루 중에서도 가장 행복한 시간이 될 수 있다. 면적에 한계가 있을 경우 욕실 옆에 전실을 설치하고 접이문을 달아서 열면 욕실이 넓어지고, 닫으면 욕실을 좀 더 독립적으로 쓸 수 있도록 하는 방법도 있다.

욕실과 드레스룸 사이에 두는 파우더룸은 이름 그대로 파우더, 분을 바르던 방이었다. 유럽에서는 목욕을 매일 하기 시작한 게 얼마 되지 않았다. 씻지 않아 나는 악취를 덮고 감지 않은 머리를 가린 큰 가발에 향수와 분을 뿌리기 위한 공간을 화장실 옆에 작게 두었는데 그게 파우더룸이었다. 드레스룸과 연결된 현대의 파우더룸은 화장을 하고 옷을 입은 후 마지막 매무새를 가다듬는 곳이다.

파우더룸을 갖추지 않아도 화장실은 여러 의미에서 휴식 공간의 역할을 하고 있다. 면적이 넉넉하다면 건식, 습식 차이를 두어 배치해도 좋다. 방 개수보다 화장실 개수가 많은 집이 더 고급 주택이라고 농담을 하기도 하는데, 청소나 관리에 부담이 크지 않다면 조금 사치를 부려도 좋다. 공간을 무작정 넓게 할 수 없는 곳이라 크게 부담스럽지 않다.

4

집을 넓게
쓰는 법

효율적인 공간 활용, 수납공간

해도 해도 끝이 없는 게 짐 정리다. 유튜브에 정리 노하우 영상을 찾아보며 열심히 따라해보기도 하는데, 크게 달라진 것 같지 않다. 짐 중에 가장 많은 부분을 차지하는 책을 그대로 두다 보니 짐이 통 줄지를 않았다. 다른 건 잘 버리는데 왜 그럴까. 일본의 정리전문가 곤도 마리에가 "설레지 않는 물건은 버려라"고 했는데 내가 쓰던 물건을 내 손으로 버리는 건 어려운 일이다. 이런 것이야말로 남의 손을 빌리는 게 현명하다. 독립한 큰아이의 서랍에 가득 차 있던 물건을 작은아이가 대신 버려줬다. 물론 버린다고 얘기하고서 정리했지만, 나름 소중하게 간직한다고 두었던 것들일 텐데 서랍에 뭐가 있는지도 잘 모르고 있었다.

살면서 점점 늘어가는 짐, 아이가 생기면 더 불어나는 짐. 그래서 집을 지을 때 수납공간은 생각보다 넉넉하게 잡는 게 좋다. 요즘은 집에서 쓰는 기계들이나 용품들이 다양해져서 수납공간이 더 필요한 시대다. 수납공간을 계획할 때 짐들이 섞이지 않도록 시스템을 갖춰야 한다. 용도에 맞게 잘 정리해야 쓸 때도 편하기 때문이다. 매일 쓰는 것, 계절이 바뀔 때 꺼내오는 것, 1년에 한 번 쓰는 것 등 용도에 따라, 매일 쓰는 것 중에서도 청소 도구끼리 주방 도구끼리 생필품끼리 잘 나눌 수 있도록 위치를 잡아야 한다.

수납할 때 효율적인 공간 활용으로 월 캐비닛이 있다. 서울 북촌에서 한옥을 개조해 아이 셋과 사는 이탈리아 출신 건축가의 집에는 벽을 따라 수납장이 짜여 있다. 높낮이에 따라 자주 쓰는 것과 어쩌다 쓰는

서울 북촌에서 한옥을 개조해 사는 이탈리아 건축가의 집.
한옥의 부족한 수납공간을 충분히 해결한 붙박이 월 캐비닛.
설계 건축 사무실 모토엘라스코(Simone Carena).

물건으로 분리해 수납을 하고 있었다. 붙박이 월 캐비닛이 한옥의 부족한 수납공간을 충분히 해결했다. 📱〈건축탐구-집〉시즌 1 '9화 대한외국인, 그들이 선택한 집'

　　한옥도 그렇지만 작은 집들에 돋보이는 수납 아이디어가 많았다. 멀리 바다가 보이는 인천 구도심 골목길에 있는 리모델링 주택은 1층 12평, 2층 8평의 작은 공간 곳곳에 수납 아이템들을 숨겨놨다. 1968년에 지은 오래된 집을 고치려고 했을 때 가장 걱정이 되었던 건 부족한 수납공간이었다. 욕실 앞 계단을 활용해 계단 발판 아래쪽에 서랍을 넣었다. 서랍 속에 옷을 넣어두고 씻고 나와 바로 갈아입을 수 있는 구조는 좁은 집에서 편리한 아이디어였다. 또 옥상을 받치고 있는 내력벽을 보강하면서 수납공간을 짜 넣고, 슬라이딩 도어 안쪽에 선반을 둔 장을 넣었다. 적재적소, 꼭 필요한 공간에 알맞은 수납공간을 배치한 것이다. 집주인들은 리모델링 설계를 할 때 1센티미터의 낭비도 없게 하려고 고심했다고 한다. 이 집에서 가장 돋보였던 수납공간은 마루 밑 신발장이었다. 틈새 공간인 현관 마루 아래 서랍을 만들어 신발을 보관했는데 시골 툇마루 밑에 여러 물건을 넣던 걸 떠올려 만든 신발장이라고 한다. 📱〈건축탐구-집〉시즌 3 '13화 슬기로운 리모델링'

　　리모델링이나 기존의 집에 수납공간을 새로 만드는 경우는 허용되는 범위에 맞게 지혜롭게 배치하면 되지만 집을 새로 지을 때는 조금 다르게 접근해야 한다. 수납공간을 계획하는 것에는 라이프 스타일이 바뀌는 것이 전제되기 때문이다. 의외로 우리는 물건에 영향을 많이 받는다. 물려받은 자개장 같은 것들은 사용하지도 않으면서 소중히 모셔두느라 자리를 크게 차지한다. 새로 들어가는 집에 지금의 물건들을 가져갈 것인지, 혹은 새로 붙박이 가구를 넣어 좀 더 편리하게 쓸 것인지는 어떻게 살 것인가에 대한 생각으로 확장된다. 여러 명이 앉을 수 있는 테이블을 놓을 넓은 거실을 지어가는데 굳이 교자상을 가져갈 필요는 없다. 옛

인천 구도심에 리모델링한
주택. 마루 밑에 신발 서랍장을
만들고(위) 계단 아래 수납공간을
짜넣었다(가운데). 문을 슬라이딩
도어로 바꾸고 문 옆을 수납장으로
만드는 등 부족한 수납공간을
해결하기 위해 애썼다.
설계 푸하하하프렌즈.

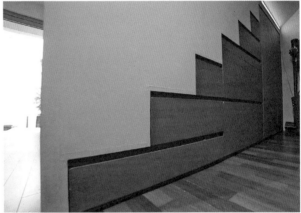

날에 비싸게 주고 산 가구지만 새로 지은 집의 분위기와 맞지 않는다면 과감히 처분하는 게 낫다. 낡아서 버리는 것이 아니라 새로운 집과의 조화를 생각해야 한다는 것이다. 어느 건축주는 아끼는 가구를 계속 사용하고 싶어서 설계할 때 가구를 고려해 공간을 구성했다. 또 다른 건축주는 평생 모아온 수집품을 아파트 한구석에 보관만 하다가 집을 지으며 아예 전시 공간을 마련했다.

수납공간에 대한 계획은 내 생활을 이루는 주변을 한 번 점검하고 정리하는 일이자 앞으로의 생활을 예상해보는 일이기도 하다. 여태까지는 의미 있었지만 앞으로는 달라질 것들, 혹은 의미나 가치가 사라지지 않을 것들에 대해 분류하고 그 자리까지 생각하는 것이 집을 짓는 과정에 포함되어야 한다. 삼대가 함께 사는 집에서 부모님의 물건들이 잘 수납되고, 자녀들과 충돌하지 않도록 고민한 집도 있다. 가족이 각자 중요하게 생각하는 것들에 대해 어떻게 공간을 마련할지 고민한 건축주와 건축가는 사적 공간과 공용 공간에 알맞게 그에 대한 대안을 곳곳에 마련했다.

🎬 〈건축탐구−집〉 시즌 3 '28-29화 집짓기 프로젝트 1-2부 365일간의 기록'

치수 이야기

열두 자 장롱은 크기가 얼마나 될까? 미터법에 익숙한 요즘 사람들은 언뜻 감이 안 오겠지만 지금도 어르신들은 길이나 크기를 가늠할 때 자 단위를 사용한다. 한 자가 30센티미터니까 여덟 자면 2미터 40센티미터 정도 된다. 방의 크기를 장롱이 들어가느냐 마느냐로 가늠하곤 했는데, 요즘은 아예 붙박이장을 만들어버리니 그것도 옛이야기가 되었다.

자는 중국에서 온 측정값인데 손끝에서 팔꿈치까지 대략 30센티미터 길이를 한 자라고 했다. 아시아 문화 외에 서양에서도 신체 길이를 기준으로 단위가 정해졌고 아직까지도 쓰이고 있다. 영국의 야드는 가슴 한가운데에서 손가락 끝까지, 피트는 말 그대로 발의 길이, 인치는 어른의 엄지손가락 너비가 기준이다.

이렇게 대부분의 단위는 휴먼 스케일이라고 부르는 인체 치수에서 시작된다. 휴먼 스케일을 기준으로 한 치수는 보통 3의 배수로 이루어져 있다. 예를 들어 한 자가 된 손끝에서 팔꿈치까지의 길이가 30센티미터이고 평균 어깨 너비는 45센티미터이다.

건축은 사람이 사는 공간을 만드는 것이기 때문에 휴먼 스케일을 고려하는 것이 중요하다. 설계를 할 때부터 공간이나 가구의 크기를 사람이 움직이는 데 불편함이 없도록 인체 치수에 맞게 3의 배수로 맞춘다. 전 세계적으로 문의 폭은 90센티미터라, 간혹 치수가 없는 평면의 이미지를 구한다면 문의 크기를 근거로 다른 부분의 치수도 짐작해볼 수 있다. 방의 넓이도 기본 3미터에서 줄이면 2.7미터, 늘리면 3.3미터로 정하는 것이 나중에 가구 배치나 사용에 편리하다. 층과 층 사이의 높이인 층고 또한 3미터가 기준이다. 계단참이 없어도 되는 높이가 3미터이기 때문이다. 실내 계단의 최소폭은 60센티미터가 되어야 한다. 평균 어깨 너비 45센티미터의 사람들이 걸림 없이 편하게 오르내릴 수 있는 최소의 넓이이기 때문이다.

〈건축탐구-집〉 시즌 3 '14화 도심 속 나의 작은 집'

연희동의 작은 주택, '오묘당'. 화장실의 크기, 싱크대의 배치와
계단 등 사람이 이동하기 편리한 폭과 길이를 정확히 계산해서
설계했다. 사람의 평균 어깨 너비가 45센티미터이기 때문에
실내 계단의 최소폭은 60센티미터가 된다. 설계 사무소 효자동.

아이와 어른이 모두 원하는 다락

다락은 잉여의 공간이지만 누구나 좋아하는 공간이기도 하다. 집을 설계할 때 다락을 꼭 갖고 싶다는 사람들이 많고, 아이들이 있는 집은 거의 대부분 원한다. 말하자면 다락은 아이와 어른이 모두 원하는 로망이다. 다락이란 주로 지붕과 천장 사이의 공간이다. 박공지붕 아래와 천장 사이의 경사 평균 높이가 1.8미터 이내이면 등기 면적에 포함되지 않는 법을 활용한 것이다. 평지붕도 높이가 1.5미터 이하의 공간을 만든다면 다락으로 인정받을 수 있다. 평균값이기 때문에 일부 사람이 서서 다닐 수 있는 공간이 생겨 가끔 사람이 머무는 손님방 등으로 쓰거나 창고로 사용하기도 한다. 높이 때문에 주로 좌식으로 써야 하니 차를 마시거나 독서를 하는 여분의 방이 되기도 한다. 등기에는 올리지 않는 면적이다 보니 덤처럼 느껴지는 공간이지만 공사 범위에 들어가기 때문에 다른 부분의 60~70퍼센트 정도의 공사 비용이 든다.

천장 위에 떠 있는 다락은 약간의 가상공간과 같은, 비현실적인 공간의 느낌이 든다. 옛집들은 대부분 박공지붕이라 다락이 하나씩 있었는데, 몰래 들어가 하루 종일 누워 천장을 보거나 밤에 촛불을 켜놓고 책을 읽곤 했다. 현실에서 벗어나 상상의 세계에 들어간 듯한 고요하고 이질적인 느낌이 참 좋았다. 다락이라는 그리 크지 않은 공간을 통해 오히려 크고 화려한 공간에 있을 때 이상으로 마음과 생활에 여유를 얻게 된다. 다락의 위치는 침실의 상부나 주방이나 화장실처럼 천장이 그리 높지 않아도 되는 공간의 높이를 이용하면 어렵지 않게 넣을 수 있다. 원칙적으로

아이와 어른이 모두 원하는 공간인 다락은 주로
지붕과 천장 사이의 공간이다. 천장이 낮아서 아늑한
분위기를 형성한다. 좌식으로 차를 마시거나 독서를
하는 공간, 혹은 손님방이 되기도 한다.

난방을 할 수 없고, 화장실이나 수도도 놓으면 안 된다.

다락을 만들 때 고민되는 부분은 올라가기 위한 방식이다. 제대로 된 방이라면 제대로 된 계단을 놓아야 하는데 그러면 면적을 제법 차지하기 때문에 정식 2층을 구성할 때와는 다른 방식을 생각해야 한다. 벽에 사다리를 붙여 이동하거나, 천장에서 뽑아 내렸다가 다시 올리는 접이식 사다리, 면적을 덜 차지하는 원형 계단을 설치하는 등의 방법이 있다. 간혹 소방서에서 쓰는 봉을 설치해 집에 재미를 주는 건축주도 있다. 자주 쓰는 다락이라면 제대로 된 계단을 놓는 것이 좋다. ▟〈건축탐구-집〉 시즌 3

'17화 사랑한다면 이 집처럼'

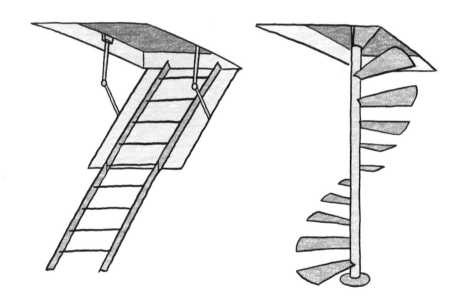

다락을 만들 때 올라가는 방식에는 천장에서 뽑아 내렸다가
다시 올리는 접이식 사다리, 일반적인 계단보다 면적을
덜 차지하는 원형계단을 설치하는 방법 등이 있다.

경남 하동에 지은 한옥. 다락방을 들이기 위해 층고를 높였다. 다락에
오르기 위해서는 천장에서 접이식 사다리를 내려 올라가야 한다.

여러 용도로 쓰는 창고

집 정리를 해주는 프로그램의 마지막에 다 정리된 집을 본 집주인들은 대부분 크게 감동한다. 짐에게 내어주었던 공간을 비로소 되찾은 것에 대한 기쁨이 큰 모양이다. 무소유라는 게 말은 쉽지만 생활에 필요한 사소한 짐들이 너무 많고 아주 쉽게 쌓인다. 누군가가 물건을 하나 살 때는 하나를 무조건 버려야 한다는데, 말처럼 쉽지 않은 게 사실이다. 특히 코로나19로 밖에 나가지 않고 집 안에서 해결해야 할 것이 많아진 지금은 갖춰야 할 살림살이가 더 늘어났다.

수납은 붙박이 가구 등을 이용하기도 하지만 아예 창고를 두어 다용도실이나 여러 용도의 작업 공간으로 사용하기도 한다. 창고를 지을 생각이라면 집 밖에 별도로 놓을 건지 집 안에 공간을 둘 건지 먼저 결정해야 한다. 처음 새집에 이사하면서 짐을 다 버리겠다고 했다가 실패하고 혹은 살면서 다시 짐이 늘어나 후에 덧붙여 창고를 짓는 경우도 흔하다. 나중에 덧붙여 짓다 보면 애초에 계획했던 집의 형태에 어울리지 않는 경우가 많다. 사다리나 계절 용품, 아이들 자전거나 유모차, 잔디 깎는 기계 등 가든 용품과 농기구 등 방에 두기 힘든 물건들을 고려해 처음부터 창고를 염두에 두고 설계하는 게 두 번 일하지 않는 방법일 수 있다.

창고 공간을 더해 면적이 늘어나는 게 부담스러우면, 꼭 필요한 보일러실을 여유 있게 만들어 창고 겸용으로 쓰거나 마루가 있는 집이라면 마루 밑을 창고로 써도 된다. 주차장 겸 창고도 괜찮은 방법이다. 외국 특히 미국 집에 보면 개라지(garage)라고 차고 안에 공구별, 악기별로 별

것을 다 가져다놓은 걸 볼 수 있다. 창고는 냉난방이 중요하지 않으니 실내가 아니라도 이렇게 기능을 합쳐 만들 수 있다.

다만 비용이 적게 들어도 건축비에 포함된다는 게 부담인데 단지 정리하지 못한 물건들을 보관하기 위해서 건축비를 추가할 건지 고민해야 한다. 가끔이지만 계속 쓰임이 있는 물건이 아니라 그저 버리지 못해 이고 지고 있는 물건이라면 과감히 처분하고 집 안에 수납장을 보강하는 게 낫다. 예전 시골에서는 창고 안에 귀한 것들을 다 모아놨었다. 먹고 사는 데 꼭 필요한 농기구, 가족의 양식인 곡식들, 다음 해 농사를 시작할 때 필요한 씨앗 외에도 다양한 것들을 창고에 보관했다.

우리가 필요한 물건들을 수납하는 공간이니 어떻게 보면 집도 창고라고 할 수 있다. 그러나 집이 창고라 불리지 않는 건 사람의 온기와 생활이 있기 때문이다. 혹시 나는 집에 수납된 건 아닌지 나의 집이 단지 창고의 역할을 하고 있는 건 아닌지 그것 또한 생각해볼 일이다.

5

안과 바깥의
연결

집의 입구, 현관

집으로 들어가는 입구인 현관은 복이 들어오도록 밝고 환한 컬러를 쓰고, 넓고 시원하면 좋다고들 한다. 그런데 원래 현관의 현 자는 검을 현(玄)으로 어두운 관문이라는 뜻을 가지고 있다. 이 용어 자체는 일본 주택에서 왔다. 우리 전통 가옥엔 현관이 따로 없었다. 반가에서는 대문이 있어서 대문채를 지나 사랑채나 안채 등 거주공간으로 들어가도록 되어 있었고, 민가를 생각해보면 마당을 지나 마루 아래 신발을 벗고 집 안으로 들어서는 구조였다.

우리나라 유일의 북방식 건축 가옥을 볼 수 있는 강원도 고성 왕곡마을의 어느 한옥은 전형적인 함경도식 겹집이다. 이 집은 백 년 넘은 가마솥이 아직도 반질거리는 부엌 문으로 들어가고, 별도의 현관이 존재하지 않는다. 부엌을 통해 마루로 올라서면 부엌과 방 사이를 연결하는 정주간이 나오고 그 뒤로 겹겹이 방이 연결된다. 추운 북쪽 지방에서 난방의 한계를 극복하기 위해 지어진 겹집은 아궁이가 있는 부엌이 맨 앞에 나와 첫인사를 한다. 🎬 〈건축탐구-집〉 시즌 3 '8화 통일을 꿈꾸는 공간'

서양의 포치도 출입구인 문과 그 앞에 통로이자 대기 공간까지 포함해 부르는 말이다. 일제강점기를 거쳐 현대로 오면서 자연스럽게 집의 형식이 일본식 가옥, 서양식 가옥과 복합하면서 문을 잠그고 나가는 최종 출입문이 생겼다. 특히 공동주택에서는 마당이 사라지고 담장이 존재하지 않으니 자연스럽게 현관이 필수적인 요소가 되었다.

단독주택에서는 담장을 설치하고 대문을 두는 경우가 많으니, 공

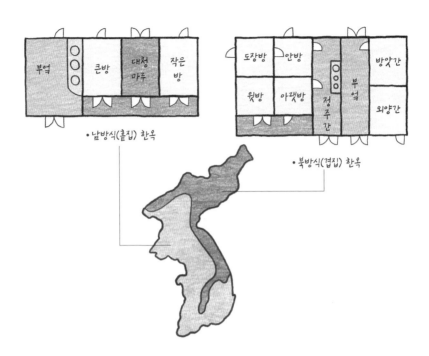

• 남방식(홑집) 한옥

• 북방식(겹집) 한옥

강원도 고성 왕곡마을의 북방식 한옥.
부엌을 통해 마루로 올라서면 부엌과
방 사이를 연결하는 정주간이 나오고
그 뒤로 겹겹이 방으로 연결된다.

간으로서의 현관의 의미는 그리 크지 않다. 이왕이면 집을 설계할 때 많은 공간이 외부로 연결되도록 하기 때문에 마당이나 외부로 나가는 문들이 많이 생기기 때문이다. 다만 집의 다른 문들을 안에서 잠그도록 설정하기 때문에 집을 출입할 때 나가는 최종 출입구가 필요하긴 하다. 현관은 계절별 신발도 정리할 신발장과 자전거나 유모차 등 집 안에 들이긴 뭐하고 밖에 두기도 뭐한 물건들을 보관할 공간으로도 요긴하다. 캠핑이나 골프 등 야외 활동이 잦은 가족은 현관 옆에 창고를 두기도 한다.

기본적인 현관 면적은 두세 명이 설 수 있는 폭 정도이다. 사람의 평균 어깨 너비가 45센티미터 정도니까 1.5미터를 기본으로 자신의 필요에 따라 넓히면 된다. 수납의 의미가 큰 공간인 만큼 효율적인 수납장을 함께 구상하면 좋다. 중문을 달아 방풍과 시선 차단 등의 기능을 넣거나 청결을 위해 현관 바로 옆에 화장실 혹은 세면대를 따로 두는 집도 생겼다. 공용 화장실이 현관 옆에 있다면 밖에서 들어와 바로 씻을 수 있기 때문에 위생적으로 안전하고, 정원이나 텃밭 일을 자주 하는 전원주택은 편리를 위해서도 좋은 선택이다. 그냥 신발을 신고 벗는 곳, 문을 잠그고 나가는 곳이라는 단순한 생각에서 벗어나 집에 드나들 때의 모습을 상상하면서 구상해야 한다. 굳이 내게 현관이 필요치 않다면 과감하게 없애도 된다.

포항의 고향 마을에 은퇴 후 살 집을 미리 마련하고 사과 농사를 시작한 부부의 집은 현관의 영역이 무척 넓다. 집 안으로 들어가는 현관문 앞에 지붕으로 덮은 넓은 포치 같은 공간을 만들어 일하는 중간 쉴 수도 있고 여러 명이 모여 밖에서 식사할 수도 있는 아주 유용한 공간이다. 아파트의 현관이 단지 집으로 출입하는 입구의 역할이라면, 주택의 현관은 이렇게 다양한 방식으로 외부와 만날 수 있다. 🏠〈건축탐구-집〉시즌 3 '20화 여름, 집으로의 초대'

포항에서 사과 농사를 하는 건축주 부부의 집 현관은
외부까지 널찍하게 확장되어, 갑작스럽게 맞는 비를
피하거나 옷에 묻은 흙을 터는 등 다양하게 활용하고 있다.
설계 투엠투건축사사무소.

삶을 확장시키는 마루

예전엔 어느 집이나 방과 방 사이에 지붕은 있지만 벽이 없는, 자연을 들이고 바람이 통하는 마루가 있었다. 아파트가 주 생활공간이 되면서 점차 사라져, 이제 마루라고 하면 의미가 크게 축소되어 바닥에 까는 내장재를 가리키는 말이 되었다. 주택과 아파트의 가장 큰 차이는 마당과 정원 등의 외부 공간이 있다는 것인데, 그때 마루가 집을 좀 더 풍요롭게 만들어주는 데 한몫한다. 모두가 모여 앉을 수 있는 곳의 이미지가 강한 마루는 경계가 있는 개인공간과 다르게 스스로를 열고 다 받아들이는 느낌을 준다. 마루에 앉아 세상의 모든 빛을 머금은 마당을 바라보면 아늑한 기분이 들고 마음이 편안해진다.

어쩌면 우리 모두의 기억 속에서 익숙한 공간이지만 한때 모든 지나간 것들이 폄하되면서 마루도 불합리한 공간이라는 오해를 받았다. 마루는 최소한 한 방향으로는 전면 개방되어서 겨울에는 사용하지 못하는 곳으로 생각하기도 하는데, 북방식 한옥에서는 마루가 집 안에 들어와 있다. 옛사람들은 대청마루뿐만 아니라 툇마루, 쪽마루, 사랑마루, 가막마루(가만히 드나드는 마루), 누마루까지 다양한 용도의 마루들을 계속 품어왔다.

마루는 안이 아니지만 바깥도 아닌 공간이다. 비와 눈이 가깝지만 지붕 아래 있어 피할 수 있고, 바람과 햇빛에 몸을 내놓을 수 있도록 하는 공간이다. 그런 공간이 있다는 건 경계를 허물고 삶을 좀 더 확장시킬 수 있는 계기가 된다.

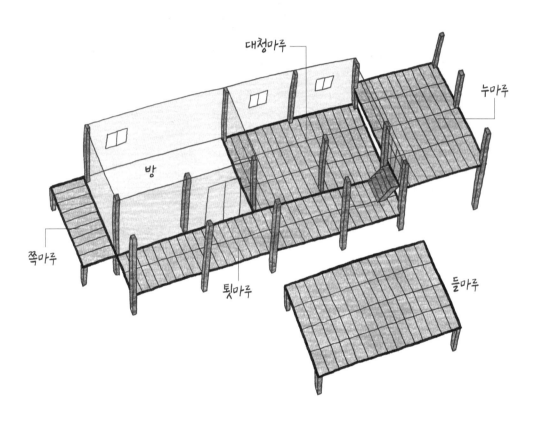

대청마루

누마루

방

쪽마루

툇마루

들마루

한옥 마루에는 툇마루, 누마루,
쪽마루, 들마루 등이 있다.

경남 함양에 지은 한옥의 정취를 담은 집.
난방 없이 만든 누마루는 봄부터 가을까지
정자처럼 시원한 공간이 된다. 설계 가온건축.

경남 함양에 집을 지은 건축주는 한옥처럼 지은 집에 살고 싶어 했다. 한옥은 아니지만 한옥의 정취를 느낄 수 있는 집을 원했다. 남향으로 모든 방에 고르게 해를 받을 수 있도록 길게 집을 늘이고 맨 오른쪽 부분에 방을 한 칸 앞으로 내고 조금 들어 올려 누마루를 하나 만들었다. 누마루는 경관 좋은 곳에 짓는 누각을 주로 집의 사랑방에 이어서 만드는 일종의 여유 공간으로, 주인은 이곳에서 손님을 맞아 차를 마시고 시도 짓고 풍류를 즐긴다. 옛집의 형식 그대로 함양 집의 누마루에도 난방 없이 현대식 창호도 빼고 전통 창호지 문을 달아 봄부터 가을까지 정자처럼 이용하는 시원한 공간으로 만들었다. 지리산 천왕봉의 빼어난 경관이 한눈에 보이는 풍경은 이 집을 가장 호화로운 집으로 만들어준다. 집 안에서 멋진 풍경을 보려고 거실에 전창을 내는 방법도 있지만, 누마루는 자연으로 한 걸음 더 나가는 방식이다. 🎬 〈건축탐구-집〉 시즌 2 '9화 풍경을 담은 집'

주택 생활의 로망, 반외부 공간

(발코니, 데크, 테라스)

　　주택 생활의 진짜 로망은 내부보다는 발코니, 데크, 테라스 등 반외부라 불리는 여유 공간에서 시작된다. 실제로 이런 틈새 공간은 삶에 틈을 주어 바쁜 일상 속에서 잠깐의 휴식을 즐길 수 있는 친밀한 공간으로 자리매김한다.

　　문이나 창을 통해 나갈 수 있도록 건물 외부에 돌출시켜 달아내어 만든 노대(露臺)를 발코니(balcony)라고 한다. 흔히 베란다(veranda)라고 부르는 바로 그것인데, 베란다는 아래층이 위층보다 넓을 때 면적 차이로 생기는 바닥 면을 뜻하기 때문에 아파트나 빌라 등 공동주택이나 사무실 등의 바깥에 달려 있는 부분은 발코니라고 부르는 것이 맞다. 비슷한 의미로 쓰이는 테라스(terrace)는 거실이나 식당에서 정원과 바로 이어질 수 있는 휴식 공간으로 지면보다는 높고 건물보다는 낮은 부분을 뜻한다. 보통 이 부분을 나무로 마감하고 데크(deck)라 부르는데 전원주택에서 자주 사용되는 데크란 원래 배의 갑판을 뜻하는 말이다.

　　서양 건축에서 발코니는 전통적으로 권위를 상징하는 공간이면서 연인들을 이어주는 공간이기도 하다. 로미오를 향한 줄리엣의 독백이 시작된 그 발코니를 떠올리면 된다. 지금의 우리에게 발코니란 권위나 낭만의 공간이라기보다 실용의 공간이다. 외기에 면해 식물을 키우거나 빨래를 널거나 식재료를 보관하는 용도로 쓰이는 여분의 공간이 되었다.

　　이런 반외부 공간을 효율적이지 않은 버려지는 공간이라고 잘못

테라스 형식의 베란다. 실내 이끼 정원이 있는 집 2층에는 외부 테라스 정원을 조성했다.
수시로 나가서 작은 자연을 만나는 기쁨을 누릴 수 있다. 설계 플라노건축사사무소.

발코니는 내부와 외부 사이에 숨을 불어넣는다.
가족들의 바람을 담아 다양한 얼굴의 발코니를 만들어
쉼의 공간으로 쓰고 있다. 설계 닥터하우스연구소.

생각해 아파트 베란다 확장 공사가 한때 크게 유행했었다. 발코니는 공동주택이나 대형 건물에서 허파와 같은 역할을 한다. 원래 우리나라 한옥에도 집 안과 밖 사이의 처마 아래 공간에 툇마루나 마루 같은 사이 공간이 있었듯이, 발코니 또한 외부와 내부 사이의 직접적인 긴장을 풀어주고 새로운 숨을 불어 넣어준다. 실제로도 햇빛과 비바람의 영향을 한번 걸러주는 역할을 하는 고마운 공간이다. 화분 몇 개와 작은 테이블과 의자 정도만 놓아도 발코니는 훌륭한 작은 정원이 돼 가까이서 자연과 접촉할 수 있다. 아파트에서 생활하며 방이 좁아 넓게 쓰고자 하는 마음은 이해하지만 아파트도 아니고 자신만의 집을 지을 때는 안도 밖도 전부 나의 공간이 되므로 주저 말고 여백의 공간들을 다양하게 배치하길 권한다.

6

외부 공간의
설계

다채로운 얼굴, 정원과 마당

지금의 아파트는 도시로 유입되는 인구가 폭발적으로 증가하던 서양에서 주택난을 해결하기 위해 만들어낸 대안으로 일찌감치 사양길로 접어들었다. 그러나 우리나라는 경제개발을 하며 좁은 땅에 많은 가구를 살게 하려고 짓기 시작하면서 여태까지도 집의 기준이 되고 있다. 원래 우리는 공간에 여백을 많이 두고 살았다. 특히 마당은 하나가 아니라 앞마당, 뒷마당, 옆마당, 사랑마당 등 다양했다. 집을 사람의 몸으로 비유해 공간 하나하나가 장기라고 할 때 마당이나 복도 같은 곳은 혈관으로 모든 공간을 잘 흐르게 연결하는 역할을 한다. 몸이 건강하려면 피가 잘 돌아야 하듯이 집도 마찬가지라 마당 같은 공간이 정말 중요하다.

집을 지을 때 내부의 방 배치라든가 크기, 동선 등은 꼼꼼하게 설계하면서 정작 마당은 덩그러니 비워두고 잔디를 심고 끝내는 경우가 많다. 넓은 앞마당에 잔디를 깐, 전형적인 전원주택의 마당 모양을 정답이라고 생각하는 사람들이 의외로 많은데, 외부에 그대로 노출되는 그 마당은 의외로 쓸모가 별로 없다. 집 안에서 식사를 하다가 볕이 좋거나 바람이 시원한 날 밖에서 먹고 싶은데, 앞마당에서는 남의 눈이 의식되거나 간섭을 받을 가능성이 높다. 적당히 프라이버시를 지킬 수 있는 옆마당이나 허드렛일을 할 수 있는 부엌 마당, 텃밭과 꽃밭 등등 외부 공간도 그 용도와 의미에 맞게 따로 설계하는 게 좋다. 마당이라는 외부 공간은 또 다른 방의 역할을 하기 때문에 하나가 아니라 여럿이 있으면 더 좋다. 땅의 가운데에 집을 짓고 사방으로 마당을 두면 방을 여러 개 쓰듯 다양한 용도로 사용할 수 있다.

'결이고운가'는 잔디와 꽃을 심고 보는 마당, 식탁을 두어 야외 카페처럼 연출한 마당, 아빠나 친구들과 축구를 할 수 있는 한창 뛰고 싶은 아이의 욕망을 충족시키는 인조 잔디를 깐 옆마당 등 집을 둘러싼 면마다 다른 용도의 마당을 만들었다. 단독주택과 아파트의 중간쯤 되는 형태로, 집이 여러 채 모여 일종의 공동주택을 짓되 마당을 공유한 집도 있다. 각자 지분을 소유한 대지의 면적을 모아 아이들도 어른들도 즐길 수 있는 야외 수영장과 꽃을 가꾸는 후원, 어떤 작업이든 가능한 비어 있는 마당 등을 짜임새 있게 배치했다. 📺〈건축탐구-집〉시즌 1 '13화 마당 있는 집'

꽃을 심고 보는 마당, 야외 카페처럼 연출한 마당, 축구를 할 수 있는 인조 잔디가 깔린 옆마당 등 집을 둘러싼 면마다 다른 용도의 마당을 만든 '결이고운가'.

〈건축탐구-집〉 시즌3 12화에 소개된 경기도 안성의 장미 정원 집.
정원사인 주인이 다양한 장미를 아름답게 배치하여 집의 외부에도
독립적인 또다른 풍경을 만들었다.

여유 공간, 옥상

집이 하늘과 만나는 지점이 지붕인데 그 지붕을 경사 없이 평평하게 만들어 사람이 올라갈 수 있도록 만든 곳을 보통 옥상이라고 부른다. 한동안 루프탑 카페가 유행해서 비가 샐 때나 가끔 올라가던 옥상 공간의 위상이 많이 올라갔다.

드라마 속 서울의 야경이 훤히 내려다보이는 높은 동네 옥상 위에 지은 옥탑방을 보면 '허가는 제대로 받은 걸까' 하는 현실적인 문제가 떠올라 낭만을 가로막는 건축가에게도 옥상은 설레는 공간이다. 높은 건물이 별로 없던 어린 시절, 서울에 흔하던 양옥집 옥상에만 올라도 구름과 교감하고 하늘과 친구하는 게 가능했었다. 도시는 밀도가 과밀해져서 옥상에 올라가도 시원한 전망을 확보하지 못하는 경우도 많지만, 주차장 등으로 마당 사용이 어려울 때 정원이나 텃밭 등으로 활용할 수 있어 더 쓰임이 다양하다. 약간의 조경으로 옥상 정원을 만들거나 예쁜 외부 조명과 캐노피를 달아 휴게 공간으로 쓸 수도 있고 텐트를 치고 나만의 캠핑장을 꾸며도 된다.

옥상은 콘크리트 집에 가능한 여유 공간이다. 옥상이 있는 집을 지으려면 평지붕으로 설계하는데 이때 물처리에 대한 고민이 필수적이다. 박공지붕이라 불리는 뾰족한 경사지붕은 물매에 의해 눈이나 비가 자연스럽게 땅으로 흘러내리지만 평지붕은 평평한 옥상에 모인 물이 흘러가는 길을 만들고 홈통을 달아 지상으로 내려보내야 한다. 시간이 지나면 콘크리트에 균열이 가거나 부분적으로 꺼질 수도 있기 때문에 방수 처

도심 속의 작은 집인 서울 남산 아래 8평 협소주택. 옥상에 루프탑이나 작은 테라스 등을
설치해 풍경을 즐길 수 있는 자신들만의 공간을 만들었다. 설계 공감건축사사무소.

연희동의 오묘당은 사다리꼴 땅의 자투리 공간을 활용해서 옥상 테라스로 만들었다. 꼭대기
층에서 작은 문을 통해 몸을 숙이고 테라스로 나오는 재미가 남다르다. 설계 사무소 효자동.

리도 제대로 해야 한다. 요즘은 건물 안으로 숨기기도 하지만 보통 노출해서 설치하는 빗물받이와 홈통 디자인도 신경 써야 하고 어떤 재료로 방수 마감을 할 것인지도 고민해야 한다.

　　옥상은 비교적 면적이 작은 집이 자연과 더 가까이 지낼 수 있는 교두보가 되어준다. 서울 남산 아래 8평 협소주택의 5층 옥상은 빨래 널기 좋고 상자 텃밭 등 여러 가지 체험을 할 수 있도록 아기자기하게 만들었다. 우리나라의 가혹한 기후가 때로는 옥상 라이프를 방해하지만, 옥상을 꼼꼼하게 방수하고 알맞게 꾸미면 외부로부터 시선이 차단되는 야외의 작은 휴식처가 되기에 충분하다. 📺〈건축탐구-집〉 시즌 3 '14화 도심 속 나의 작은 집'

　　인천에 있는 젊은 부부의 집은 바닥 면적이 아주 작은 집이라 옥상과 테라스 공간이 특히 유용했다. 옥상에 올라가면 바다가 보이는 시원한 전망이 열려 텐트를 놓고 간혹 캠핑 기분을 내기도 한다. 풍경을 즐길 수 있는 자신들만의 공간을 만든 지혜가 돋보인다. 📺〈건축탐구-집〉 시즌 3 '13화 슬기로운 리모델링'

인천의 작은 집을 리모델링하면서
테라스와 옥상 공간을 만들었다. 옥상에
텐트를 치고 맥주를 마시는 일상의 작은
사치를 누리는 지혜가 돋보인다.
설계 푸하하하프렌즈.

나만의 전망

　　커다란 창 너머로 보이는 아름다운 풍경은 가장 좋은 인테리어일 것이다. 자연에 가까운 곳일수록 계절마다 꽃이 피고 녹음이 짙어졌다가 단풍이 들고 눈이 오는 자연의 풍경으로 인해 다채로운 그림이 펼쳐지면, 그 어떤 예술 작품보다 지루하지 않다. 그래서 집을 짓기로 하고 땅을 살 때 많은 사람들이 가장 먼저 전망을 살핀다. 과연 매일 어떤 풍경과 마주할 것인가를 상상하며 이곳저곳 땅을 보러 다닌다. 전원에 짓는 집이라면 얼마든지 원하는 풍경을 자신의 것으로 만들 수 있을 텐데, 도시에 짓는다면 전망에 대한 기대치는 낮추는 게 좋다.

　　오래전 서울 종로구 통의동에서 양옥집을 1층은 사무실로 2층은 살림집으로 개조해 살았다. 당시 주변에는 양옥보다 한옥이 더 많아서 2층 창으로 백악산과 인왕산을 거느리며 살 수 있었다. 그러다 옆집 주인이 바뀌더니 새로 4층 건물을 올리겠다고 했고 호사스럽게 누리던 전망은 허망하게 사라졌다. 도심에 사는 사람들에게 이런 경험은 흔한 일이다. 건축법상 햇빛을 덜 가리도록 제한하는 등 일조권은 있지만 전망에 대한 권리는 없기 때문이다. 법이 그러니 민원을 넣어도 소용없는 일이고 이웃끼리 얼굴만 붉히게 된다.

　　건축주들에게도 자주 하는 말이지만 전망은 딱 일주일용이다. 마음은 매일 창밖을 보며 여유를 부릴 것 같지만 생활은 우리를 그렇게 한가하게 두지 않는다. 바삐 움직이다 보면 어느새 해가 지고, 해 뜨면 어디론가 나가야 하는 게 일상이다. 그래도 전망을 포기하지 못하겠다면 방법이 없지 않다.

남들이 좋다는 뻔한 이미지에서 벗어나 조금만 생각을 바꾸면 선택의 폭이 훨씬 넓어진다. 시골도 마찬가지다. 풍경을 가까이 보겠다고 너무 경계 끝까지 바짝 붙거나 정원에 대한 욕심으로 뒤쪽에 축대가 있는데도 무리하게 맨 뒤까지 밀어서 터를 잡기도 한다. 자연과의 거리도 적당한 게 좋다. 뒤로 한 발 물러서서 바라보는 풍경이 더 안정적이고 좋을 때도 많다.

울산 울주군 만화리에 독특한 모양의 집을 짓고 사는 부부가 있다. 네모난 상자에 집 모양의 구멍이 뚫린 외관을 가진 집은 그 자체로 그림 같지만 안으로 들어가면 사면의 풍경을 다 다르게 담은 집이다. 마름모꼴 땅 중앙에 직사각형으로 터를 잡아 사면 모두 삼각형의 마당이 있는 독특한 구조인데 집중된 넓은 정원이 없는 대신 건물 안의 앞과 뒤에 중정을 두어 나무를 한 그루씩 심었다. 2층의 각기 다른 창을 통해 한눈

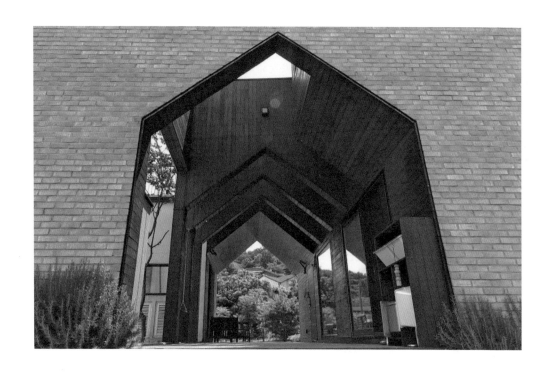

개성 있는 외관을 자랑하는
울산의 집. 네모난 상자 집
모양에 가운데를 뻥 뚫어놓아
그 안에 들어가면 사면의
풍경이 다르다. 중정마다
나무를 다르게 심어 다채롭다.
설계 리을도랑건축사사무소.

실내에 이끼정원을 만든 경남 진주의 주택.
이끼가 공기 정화 능력이 좋아서 공기청정기도 쓰지 않는다.
설계 플라노건축사사무소.

에 들어오는 잘 자란 배롱나무와 단풍나무는 다른 작가의 그림을 보는 듯했다. 집과 함께 시간을 보내며 자라게 될 나무 한 그루는 친구가 되기도 하고 가족이 되기도 할 것이다. 📖〈건축탐구-집〉시즌 3 '18화 자연을 품은 집'

건축가 김근혜·박민성 부부가 부모님과 함께 사는 경남 진주의 주택은 나무가 아닌 숲을 아예 집 안에 들였다. 제주도 곶자왈이 생각나는 작은 이끼 정원이 실내에 자리한 그 집은 공원과 면해 그대로도 전망이 좋은 땅이었다. 부모님은 처음에 중정을 두어 집 안에 자연을 들일 생각이었다. 그런데 바로 집 앞 공원에 멋진 수목이 있는데 굳이 집 안에 중정을 둘 필요가 있을까 싶어 대안을 찾다가 실내 이끼 정원을 두기로 했다. 공기 정화 능력이 좋은 이끼 덕에 그 집에 살면서 공기청정기도 쓰지 않는다. 아버지는 부드러운 이끼 위에 핀 작은 고사리들이 마치 강아지 꼬리처럼 정겨운 반려식물과 같다며 매일이 행복하다고 했다. 📖〈건축탐구-집〉시즌 3 '18화 자연을 품은 집'

나무와 이끼로 초록을 들인 집들을 소개했지만 꼭 녹색이 아니어도 괜찮다. 연못을 팔 수도 있고, 커다란 어항을 놓을 수도 있다. 풍경은 가져오는 것이 아니라 가꾸는 것이라는 생각이 새로운 나만의 전망을 만드는 첫걸음이다.

5

chapter

재료 탐구

1

자연과의 공존,
재료 간의 조화

혹독한 사계절의 나라

최근 지구의 온도와 해수면이 상승하고 이상기후 현상이 대두되었다. 그러다 보니 우리나라는 봄, 여름, 가을, 겨울, 사계절이 뚜렷한 나라에서 혹서와 혹한의 나라가 되었다. 이제 우리는 여름에는 무척 덥고 겨울에는 심하게 추운, 장마철 시기도 종잡을 수 없는 변화무쌍한 날씨를 안고 살아가야 한다. 아열대에서 툰드라기후까지 경험하게 한 어느 해에는 최고기온과 최저기온의 차이가 60도였다. 그나마 혹독함을 견디도록 업그레이드된 각종 건축 자재들이 있지만 사실 이런 기후를 당해낼 완벽한 재료는 없다. 온도 변화에 따른 수축 팽창의 한계로 재료를 선택하는 어려움이 어쩔 수 없이 존재한다.

단단하기로는 둘째라면 서운해할 정도로 경질의 화강암이 많은 데다 표토층이 얇아 주름이 많은 땅. 산도 많고 가파른 경사도 많고 기후까지 변화무쌍한 한반도에 최적화된 건축물은 한옥이다. 우리나라의 전통적인 주거 형식은 남방 문화권과 북방 문화권의 주거 형식이 직접적으로 결합하면서 매우 독특하게 나타난다. 남방 주택의 대표적인 형식인 마루와 북방계 문화의 주택 형식인 온돌이 바로 붙어 있는 모습을 말하는 것인데, 한대와 아열대가 공존하는 우리나라의 기후만큼이나 특색 있는 요샛말로 하이브리드 시스템인 것이다.

두 가지 형식이 맞물려 있는 한옥은 공기의 순환을 중요시했다. 마당을 중심으로 건물들을 정형적이기보다는 지형에 맞춰, 기의 흐름을 막지 않도록 배치했다. 동북아시아권인 일본과 중국의 집을 보면 정사각형의 딱 떨어지는 'ㅁ'자로 집을 지은 반면 우리나라는 살짝 틀어 대칭을 깬 구조다. 지금까지 남아 있는 한옥의 구조를 보면 집과 집이 반듯하지 않고 조금씩 비껴서 배치된 경우가 많다. 집뿐 아니라 사찰의 탑도 마찬가지다. 땅의 정중앙같이 보이지만 기준에선 조금 틀어 세워졌다. 중앙에 딱 맞아 보이는 건 입구에서 들어가면서 보이는 시선 안의 정중앙을 기준으로 맞췄기 때문이다. 이처럼 옛 선조들의 건축양식을 보면 참 재미있다. 수백 년 전에도 이렇게 자유로운 생각을 했다니 놀랍기만 하다.

같은 맥락으로 정원도 있다. 우리의 정원은 어디까지가 정원이고 어디부터 자연인지 드러나지 않는 게 미덕이었다. 우리나라 민간 정원으로 최고라는, 500년 역사의 전남 담양 소쇄원도 원래 있던 자연과 어울리도록 크게 두드러지지 않게 조성되어 있다. 지나치게 꾸며놓는 걸 거부하고 일부러 기단을 막돌로 허술하게 쌓거나 집을 약간 틀어지게 놓은 모습을 보면 선조들이 완결성보다는 자유로움을 존중했음을 알 수 있다. 궁궐이라고 다르지 않다. 창덕궁도 개성의 만월대도 마찬가지다. 소통을 중요하게 여기고 열려 있어야 하는 심성이 건축에도 고스란히 보인다.

그렇기 때문에 요즘 같은 단열 시스템은 조금 과하다고 생각한다. 우리나라 사람들의 성향상 적당히 더울 땐 좀 덥게, 추울 땐 좀 춥게 살더라도 기가 시원하게 통하고 원활히 흐르는 걸 선호하는 사람도 있을 텐데, 너무 똑같이 강화된 기준으로 집을 지으라고 규제하고 있다. 외부의 영향을 덜 받기 위해 단열 기준을 높이다 보니 오히려 환기에 문제가 생기거나 안팎의 온도차가 높아 결로가 생기는 경우도 있다.

건축법에서 규정하는 단열재 기준은 점점 두꺼워지고 강화된다. 밀폐된 보온 도시락 같은 집을 권장하는데 열효율은 올라가지만 그러다 보니 비용도 계속 올라간다. 집이 따뜻하면 좋지만 비싼 단열재만 있다고 되는 게 아니다. 높은 기준에 맞춰 단열 성능을 높이고 에너지를 절약한다지만, 그게 꼭 친환경인지는 아직 단언할 수 없다. 진정한 환경 친화는 자연과의 조화다. 자연의 흐름을 끊지 않고 자연스럽게 인간이 그 안에 들어가 같이 운행하는 것 말이다.

혹독한 사계절을 견디며 살아온 사람들의 후손인 우리는 이제 자연의 영향을 완벽히 차단하기 위해 무던히 애쓰고 있다. 그로 인해 벌어지는 문제들은 또 다른 테크놀로지로 막아낸다. 가습기와 공기청정기가 필수가 된 세상. 거기에 공기질을 유지한다는 열회수환기장치까지 고려된다. 겨울에 조금 춥더라도 바람이 통하는 창이 좋은 사람에게 맞는 선택지는 주어지지 않는다.

단열 문제의 원인은 규정대로 단열재로 쓰지 않았을 때 일어난다. 요즘은 아예 건축 허가가 나지 않기 때문에 불가능한 일이다. 두껍다고 무조건 좋은 단열재가 아니므로 효율이 좋은 단열재를 써야 하고, 시공할 때 창호나 다른 마감재와 만나는 부분을 잘 마무리하고 단열 부위가 끊기거나 틈이 생기지 않도록 꼼꼼히 시공해야 한다. 만약 돈을 들여 좋은 단열재를 쓰고도 집이 춥다면 시공 방식에 문제가 있었을 것으로 짐작한다.

방수도 마찬가지다. 기본이 가장 중요하다. 우리는 요즘 기후위기로 인한 긴 장마나 집중 강우, 잦은 태풍 등으로 뜻밖의 피해를 경험하곤 한다. 물길을 인위적으로 돌리고 두꺼운 콘크리트 옹벽으로 막아놓은 방어막이 어느 날 하루, 많이 내린 비에 힘없이 쓰러지고 살던 집이 흙에 묻혀 흔적 없이 사라지기도 한다. 이런 이유로 건축가나 건축주 모두 치밀한 방수를 위해 애를 쓴다. 물이 잘 빠지도록 도와주는 적정한 물매의 빗물받이, 벽을 타고 들어오지 않게 하는 물 끊기 등 다양한 장치를 동원하고, 불규칙한 강우를 대비해서 홈통의 규격을 더 키운다든가 처마를 보완한다든가 하면서 방수 대책을 개선하고 있다.

그러나 가장 완벽한 방수 대책은 물을 막지 않고 잘 흘러가게 하는 것이다. 그 방법은 우리의 오래된 방식이기도 하다. 옛집들을 보면 경사 지붕에 기왓골을 내고 홈통 없이 물이 처마를 통해서 바로 마당으로 빠지도록 만들어놓았다. 빗물이 고이거나 막힐 염려가 없는 단순하면서도 명쾌한 해결 방법이고, 자연의 흐름을 거스르지 않고 공존하는 방식이었다.

그렇게 주변과의 조화와 공존을 생각하고 집을 지을 곳의 기후나 환경을 고민하며 재료를 선택하는 것이 가장 중요하다. 산간지역이라 기온이 평균보다 낮다면 단열에 신경이 많이 쓰일 것이고, 바닷가 지역이라면 쉽게 부식되는 철제 소재를 사용하는 데 제한되기도 할 것이다.

절대적으로 어떤 재료가 좋거나 나쁘다고 단정 지을 수는 없다. 유행에 휘둘리거나 가격의 높고 낮음으로 섣불리 판단하지 않고 집의 형태나 구조에 어울리는 재료를 고르도록 하자. 유지 관리가 어렵지 않고, 주인의 취향도 반영할 수 있다면 더욱 좋을 것이다.

시공은 꼼꼼하게, 신제품은 신중하게

● 비용이 들더라도 튼튼하게 시공하는 것이 중요하다.

재료가 좋아도 시공이 엉성하면 소용없다. 값비싼 재료를 사는 것보다 튼튼한 시공에 더 신경 쓰는 것이 중요하다. 제일 비싼 창호를 단다고 해도 비숙련공이 공사를 하면 제값을 못하게 된다. 싸게 짓는 것보다 비용이 올라가더라도 제대로 튼튼하게 짓는 것이 목표가 되어야 한다.

● 집의 모든 재료를 비싼 걸로 할 필요는 없다.

그만큼 예산이 풍부하다면 상관없지만 남들이 좋다고 해서 선택하는 거라면 굳이 그러지 않아도 된다. 내가 중요하게 두는 가치에 따라 비용을 적절히 안배하는 지혜가 필요하다.

● 친환경 재료에 대한 과한 기대는 삼가자.

새로 생긴 말 중에 '그린워싱'이라는 단어가 있다. '그린워싱'은 실제로 환경을 위한 것이 아닌, 겉으로만 친환경 이미지를 갖기 위해 관련 활동을 하는 기업의 행동을 낮잡아 이르는 말이라고 한다. 건축 재료 중에도 그런 것들을 찾을 수 있다. 친환경이라고 하지만 그것이 과연 환경과 친한 재료인지 본질적으로 생각해봐야 한다. 또 친환경이라는 이름을 붙여 기능은 같은데 가격만 높아진 것들도 있다. 친환경 재료의 요란한 광고 문구에 현혹되지 않고, 찬찬히 재료 구성의 특징이 사실인지 과대광고인지 뜯어보는 꼼꼼함이 건축주에게 필요하다. 도배사들이 초배지(정식

도배 전 애벌 도배에 쓰이는 허름한 종이)만 바르고 산다는 얘기가 있다. 군더더기를 붙이지 않은 그대로가 가장 건강한 상태이기 때문이다. 집에 가장 큰 가치가 무엇인지 먼저 생각해봐야 한다.

● 새로 출시된 제품은 신중하게 적용하는 것이 좋다.

몇 년에 걸쳐 그 재료를 쓰면서 경험해본 사람들의 후기를 통해 검증한 재료가 안전하기 때문이다. 건축 박람회 등에서 새로 나온 비싼 신상 제품을 꼭 쓰겠다는 건축주들이 있다. 가격이 두세 배 높다고 효율이 두세 배 높은 건 아니다. 약간 차이가 있을 뿐인데 우리나라 기후에는 최소한 3~5년 이상 사계절을 써보고 검증한 것이 좋다. 주택의 재료는 자신이 사는 지역의 기후를 고려해 정하는 것이 현명하다.

● 집을 지을 때 너무 많은 재료를 쓰지 않기를 권한다.

재료의 수가 많으면 집이 너무 복잡해 보여 디자인적으로도 좋지 않다. 패션에서 이야기하는 '투머치'해서 요란하고 조금 촌스러워 보일 수도 있다. 또 전혀 다른 이질적인 재료를 섞어 쓰면 기술적으로도 균열이 생길 수 있다.

● 구하기 쉽고 교체가 손쉬운 재료가 좋다.

해외 사이트에서 디자이너의 조명이나 빈티지한 콘센트 커버, 멋스러운 수전 등 예쁜 재료들을 직접 구매하기도 한다. 전 세계 표준이 아닌 경우에는 부품을 구하기 힘들다. 교체나 수리가 힘든 경우가 많다는 것을 기억하고, 너무 복잡한 부품이나 사용상 문제가 생길 여지가 있는 제품은 신중하게 선택해야 한다.

● **표준 재료에 대한 신뢰를 갖자.**

요즘 나오는 재료들은 대부분 안전하게 잘 만든 것들이다. 주요 재료들은 시험성적서나 평가서가 첨부되어야 사용 승인이 나는 경우가 많기 때문에, 설계를 제대로 반영해서 지으면 웬만해서는 집을 짓는 데 큰 무리가 없다.

● **자연스럽게 나이 먹는 재료도 좋다.**

보통 집을 지은 후의 유지 관리에 대한 걱정이 많다. 목재를 쓰면 자주 칠을 해줘야 한다든지, 벽돌일 경우 물의 흡수를 방지하는 발수제를 발라줘야 한다든지 하는 관리 방식을 고민하다 선호하는 재료를 포기하기도 한다. 그런데 처음 집을 완성했을 때 그런 조치를 다 해두기 때문에 너무 연연할 필요는 없다. 자연스럽게 시간의 주름이 생기는 재료는 중후하고 푸근한 느낌을 줄 수 있다.

● **완벽한 재료는 없다.**

앞서 말했듯 기후변화가 심한 우리나라에서는 완벽한 상태로 유지되는 재료는 거의 없다고 봐도 무방하다. 계절별로 수축팽창이 일어나 틈이 생기거나 좁아지며 변화가 생기기도 하고, 시간이 흐름과 함께 낡으면서 소소하게 수리나 보수가 필요해진다. 그럴 때 너무 낙담하지 말고 편하게 생각하고 전문가의 도움을 받도록 하자.

2

집을 완성하는
재료 고르기

문과 창호

문

사람이 드나들 수 있는 현관문이 꼭 있어야 하고 그 외에 마당 등 외부 출입을 위한 문과 내부 방문 등이 있다. 문에서 제일 중요한 건 기밀성이다. 특히 외부와 내부를 연결하는 현관문은 단열까지 생각해야 한다. 겉에서 보기에 다 비슷한 철문 같지만 얼마나 단열을 잘하느냐에 따라 가격 차이가 크다. 내부 문은 플라스틱, 나무, 합판, 철 그리고 유리까지 다양한 재료와 디자인이 있다. 경첩이 버텨내야 하기 때문에 문은 가벼운 게 좋다. 갈수록 경량화되는 추세지만 기밀성을 꼼꼼하게 따지는 것이 좋다. 요즘은 문턱을 없애는 추세이기도 하고 반려견이나 반려묘가 있는 집은 출입 가능한 영역을 잘 정해서 문을 설치하고, 현관에는 되도록 중문을 설치하는 등 좀 더 세심하게 문을 단다. 슬라이딩 문은 기밀성은 떨어지지만 공간을 넓게 쓸 수 있다는 장점이 있다.

창호

창은 야외 공간과의 친밀성을 높여주고 햇빛을 집으로 들여보내 준다. 단열 기준에 맞춘 고성능 창들이 많아지면서 창값이 평균적으로 공사 비용의 10퍼센트 정도를 차지할 만큼 높은 편이다. 나는 건축주들에게 창에 아낌없이 투자해 좋은 창을 쓰고 이왕이면 설계에 창을 많이 넣는 게 좋다고 권한다. 창을 줄일 수는 있어도 작게 만든 창을 크게 만들기는 어렵기 때문에 일단은 시원시원하게 계획하고 검토하는 게 좋다.

창을 설계할 때 가장 중요한 것은 높이와 위치이다. 잘 알고 있듯 집의 창문을 낼 때 가장 좋은 방향은 남쪽이다. 낮에 햇빛이 들어오는 시간이 길어 채광에 가장 유리한 방향이기 때문이다. 다음은 동향이 좋다. 동향의 창문으로 들어오는 빛은 흐린 날과 맑은 날의 차이가 극명하다. 맑은 날엔 무차별적으로 방으로 쏟아지는 햇빛 때문에 늦잠이 불가능할 정도다. 아침잠이 없어 새벽부터 하루를 시작하는 사람들에게 동향으로 난 창은 최고의 풍경을 선사한다. 새벽녘 붉은 기운이 푸른 기운을 밀어 올리며 밝아올 때 햇살이 서서히 방 안으로 쏟아지는 그 순간의 아름다움을 만끽할 수 있다.

창을 배치할 때는 환기를 고려해야 한다. 팔만대장경을 보관 중인 해인사 경판고의 창 설계를 보면 대칭되는 창들의 사이즈를 다르게 두어 그 자체로 공기 정화 시스템을 구축했다. 창의 배치만으로 통풍과 환기에 최적화된 공간을 만들 수 있다.

어디에 어떻게 창을 다느냐에 따라 삶의 질이 완전히 달라지기 때문에 신중하게 고려해서 창의 위치를 잡아야 한다. 창은 전망용, 채광용, 환기와 채광이 함께 가능한 방의 창 등에 따라 창의 종류가 달라진다. 외부로 연결되는 전망 창으로 디자인이 예쁜 폴딩 도어를 생각하기도 하는데 결정적으로 단열에 취약하고 모기장 설치가 되지 않는다는 걸 염두해야 한다.

창은 이중 창호와 시스템 창호로 나뉜다. 최근 지어지는 집들은 거의 시스템 창호를 적용한다. 3중 유리는 일반 유리와 로이 유리 사이에

해인사 경판고의 내부. 창의 크기를 각각 다르게
만들어 그 자체로 공기 정화 시스템을 구축했다.

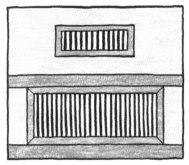
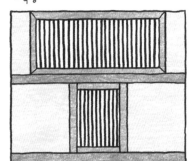

해인사 장경판전의 통풍구 형태.

아르곤 가스를 넣어 기밀성을 최대화하고 방음 기능으로 소음까지 막아
준다. 원래 옵션이었던 3중 유리 시스템이 지금은 필수가 되었다. 시스템
창호의 문은 픽스와 슬라이딩이 결합된 엘에스(LS, lift sliding)와 기울이
거나 잡아당겨 여는 턴앤틸트(turn&tilt) 방식이 있다. 턴앤틸트 방식은 지
속적으로 환기가 가능하다는 장점이 있어 환기용 창에 주로 사용한다. 창
틀은 알루미늄 창틀이나 PVC(폴리염화비닐) 창틀이 있고, 알루미늄 창틀
이 두께가 얇고 색상을 자유롭게 선택할 수 있기 때문에 가격이 좀 더 비
싸다.

시스템 창호. 까사 리네아. 설계 가온건축.

이중창. 자기 앞의 집. 설계 가온건축.

단열과 환기

단열과 환기를 한 범주 안에 묶은 이유는 이 두 가지 기능이 서로 맞물려 있기 때문이다. 단열은 집 안의 열을 빼앗기지 않도록 하는 것이고, 환기는 집 안의 공기를 순환시키는 일이라 한쪽에 문제가 생기면 나머지도 영향을 받는다.

난방 온도가 많이 떨어지지 않으면 단열 효과가 좋은 게 분명하다. 그런데 그 온도를 오래 유지하겠다고 창의 크기를 극단적으로 줄이거나 없애고 환기조차 기계로 해결하는 방법이 과연 좋은 것인지 고민해야 한다. 창이 크면 단열 효과가 떨어진다는 것도 창호의 성능이 좋아졌기 때문에 옛말이 되었다. 단열을 위해 창의 크기를 줄인다거나 특히 남쪽으로 낸 창은 절대로 포기해선 안 된다고 강조한다. 남쪽 창을 통해 골고루 방 안을 비추는 햇볕은 난방 온도를 올리지 않아도 집 안에 온기를 퍼뜨리고 환기에도 용이하다. 덧창 혹은 덧문을 달아 기능을 보완해도 된다.

환기 중 가장 좋은 것은 창을 열어두고 통풍하는 자연 환기 방식이다. 그런데 황사나 미세먼지로 인해 공기질이 나쁜 시기가 길어지면서 창문을 닫고 열회수환기장치로 공기질을 유지하는 경우도 많아졌다. 예전에는 독일이나 일본 등 수입 제품 일부만 도입되어 적용하기가 망설여졌는데, 요즘은 대기업이나 가전 전문 업체에서 관심을 가지고 사업을 시작하고 있어 선택의 폭이 넓어졌다. 집을 지을 때 단열과 환기는 삶의 질에 영향을 주는 매우 중요한 요소이다. 그러므로 단열과 기밀성과 더불어 공기의 쾌적성까지 잘 고려해 결정해야 한다.

내단열과 외단열

재료를 선택할 때 가장 먼저 이야기하는 것이 '단열'이 잘되느냐다. 요즘에는 단열재에 대한 부분도 도면에 표기해야 건축 허가가 나기 때문에 걱정할 필요가 없다. 1980년대 말에는 5센티미터의 단열재로도 건축이 가능했다. 지역별로 약간 차이가 있지만 지금은 14~20센티미터까지 올라갔다. 상대적으로 따뜻한 남쪽 지방으로 갈수록 조금 느슨한 편이다. 여럿이 함께 쓰는 공공시설의 단열 기준은 높아야 하지만 각자의 체질과 라이프 스타일이 다른 개인까지 예외 없이 높은 단열 기준을 맞춰야 하는 건지 항상 의문이 든다.

단열에는 내단열과 외단열이 있다. 바깥의 차가운 공기를 막아주고 내부의 더운 공기를 빼앗기지 않게 한다. 외단열은 외투를 입는 것이고 내단열은 내복을 입는다고 생각하면 된다.

○ 내단열

구조체가 나무(목조 주택) 혹은 콘크리트인 경우도 있는데 둘 다 안팎으로 단열재를 사용한다. 목조 주택의 경우 나무와 나무 사이에 단열재를 충전해 넣는 방식이다. 콘크리트 구조의 경우 구조 자체에는 단열 성능이 거의 없다고 봐야 한다. 콘크리트 구조의 표면을 그대로 외장재로 남기는 '노출 콘크리트' 방식으로 계획할 경우 내단열을 선택한다.

○ 외단열

건물 외벽의 외장재를 벽돌이나 나무, 스터코 등으로 붙이는 경우 구조체와 외장재 사이에 단열재를 넣는다.

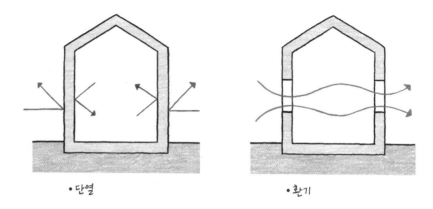

•단열   •환기

단열과 환기. 단열은 집 안의 열을 빼앗기지
않도록 하는 것이고, 환기는 집 안의 공기를
순환시키는 일이다.

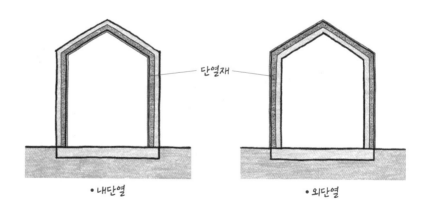

단열재

•내단열   •외단열

단열에는 내단열과 외단열이 있다.
바깥의 차가운 공기를 막아주고 내부의
더운 공기를 빼앗기지 않게 한다.

내단열 방식의 노출 콘크리트. 설계 가온건축.

외단열 방식의 스터코 외장. 설계 가온건축.

단열재의 종류

• EPS 단열재(expanded poly-styrol)

EPS 단열재는 비드법 단열재라고 불리기도 한다. 가공과 시공이 용이해 대중적으로 많이 사용하는 단열재다. 대부분의 아파트나 빌딩 현장에서 사용하는 재료로 적당한 가격과 성능으로 인지도가 높다.

• 글라스울(glass wool)

글라스울은 무기질의 인조 광물 섬유 단열재이다. 나무 기둥을 세워 그 사이에 섬유질을 촘촘히 채우는 방식으로 시공한다. 목조 주택에 많이 사용되고 가성비가 좋고 하자율이 적다. 흡음성이 좋아 방음 효과도 기대할 수 있다.

• 수성연질폼(spray polyurethane foam)

연질 경량 수성 발포의 특징을 가진 합성수지의 수성연질폴리우레탄폼이다. 골조 시공 뒤 사이사이에 발포해 채우는 단열재이다. 글라스울보다 비싸지만 빈틈없이 시공 가능하다는 장점이 있다.

EPS 단열재.

글라스울.

환기

추운 집에서 사는 건 고통스러운 일이다. 단열이 되지 않아 아무리 난방을 해도 냉기가 도는 집보다는 바람이 들어올 틈 없이 철저히 막아놓은 집이 좋을 수도 있다. 그러나 사람마다 쾌적의 기준이 다르다. 누군가는 단열과 기밀성이 중요하겠지만 누군가는 공기의 질이 쾌적의 척도일 수 있다. 꼭 그 때문이 아니더라도 환기는 사람이 사는 공간에서 매우 중요한 요소이고, 그러기 위해서는 통풍이 잘되어야 한다. 환기는 탁한 공기를 맑은 공기로 바꾸는 것, 통풍은 바람이 통한다는 뜻이다. 통풍이 잘되도록 설계를 하면 환기가 잘 이루어지는 집이 되는 것이다. 통풍이 잘되는 설계가 중요하다. 춥다고 옷을 따뜻하게 껴입되 코와 입을 막아서는 안 되는 것처럼 공간도 숨 쉴 구멍이 필요하다. 사람도 집도 숨을 쉬어야 건강하게 오래 살 수 있다.

오래전 어떤 기관에서 학교 환경 실태 조사를 의뢰해 여러 전문가들과 초등학교를 방문했다. 교실에서 탁한 공기가 느껴지는가 싶었는데 환경전문가가 기름걸레로 바닥을 닦아 나는 냄새라며 질색을 했다. 대체로 교실 바닥 청소에 쓰이는 기름은 식물성 기름이 아닌 파라핀유인데 환기를 시키지 않으니 그 냄새가 그대로 실내 공기에 배어 있었다. 매연이 들어와 창을 열지 않는다는 말에 환경전문가는 매연보다 더 큰 문제가 실내 공기의 오염이라고 했다.

미세먼지 등의 이슈로 실내에 공기청정기를 들이는 게 당연하게 된 요즘이지만 여전히 가장 좋은 건 자연 환기 방식이다. 실내의 혼탁한 공기를 환기시켜 맑은 공기로 바꾸고, 내구성과 위생을 유지하도록 습기를 제거하는 자연 환기가 잘 이루어지는 집이 좋다.

환기가 가장 잘되는 집은 홑집, 얇은 집이다. 아파트 같은 겹집보다 옛날 한옥처럼 얇고 긴 집이 바람이 잘 통하고 채광도 좋다. 채광과 환기에 유리한 얇은 집은 그래서 친환경적이다. 얇다는 것은 복도를 사이에 두고 앞뒤에 방이 있는 공간이 아니라, 공간이 겹치지 않도록 방들을 가로로 길게 늘어놓은 형태를 말한다. 얇은 집을 남향으로 내서 큰 창을 달면 금상첨화다. 하루 종일 햇빛이 넉넉히 들어와 내부 온도를 올려준다.

우리가 충남 금산에 지은 집이 그렇다. 진악산을 마주 보는 언덕에 자리한 금산주택은 거주면적이 43제곱미터이고, 마루가 26제곱미터인 소박한 집이다. 마루에 앉으면 산이 걸어 들어오고, 발아래 경쾌하게 흘러가는 도로를 내려다보는 시원한 조망을 가졌다. 마당은 널찍하게 비워놓았고, 옥외 샤워장과 데크는 야외 활동을 위해 준비한 공간이다. 얇고 긴 집의 마주 열린 창과 문을 통해 빛과 바람 같은 자연의 요소들이 자연스럽게 내외부를 흘러다니고, 방들은 그 흔적을 담는다.

이런 자연 환기가 있다면 단열과 환기를 모두 잡는다는 첨단 방식의 패시브 하우스가 있다. 환기가 어려운 기밀성 고단열 집에 대한 대안으로 떠오르는 패시브 하우스는 집을 지을 때 공기 순환이 되는 필터를 설치하는 집이다. 바깥의 공기가 집 안 공기에 맞게 재가공되어 들어와 열을 빼앗기지 않는 구조다. 수동적(passive)이라는 뜻 그대로 소극적으로 에너지를 사용한다. 마치 보온병의 원리처럼 뜨거운 공기가 들어오면 열기가 빠져나가지 않도록 잡아두는 형태다.

경남 삼천포에 사는 건축주는 일터 근처에 에너지 효율이 높은 패시브 하우스를 지었다. 일반 주택의 면적 1제곱미터당 연간 난방 에너지 요구량을 훨씬 능가하는 1.4리터의 에너지 요구량을 인정받은 집으로, 안에 들어서는 순간 훈기가 돌았다. 최대한 햇빛을 많이 받을 수 있도록

충남의 금산주택. 방을 가로로 배치해 길쭉하고
통풍이 잘되게 지었다. 설계 가온건축.

남쪽 방향으로 배치한 집의 앞쪽에는 큰 창을 두어 패시브 하우스도 진화한다는 것을 알 수 있었다. 북쪽 창은 크기를 작게 내어 열 손실을 최소화했다. 나무의 형태를 살린 세련된 실내 곳곳에 동그란 환기구들이 늘어서 있었는데 그것이 바로 공기순환장치였다. 열회수환기장치는 바깥의 열을 데워서 실내로 들여보내고 실내의 묵은 공기를 밖으로 빼낼 때 버려지는 열도 다시 순환시키는 역할을 한다. 태양광을 통해 생산한 전기로 장치를 돌리는 데 필요한 에너지를 해결하는 등 여러모로 스마트하게 효율을 높인 집이었다. ▶ 〈건축탐구-집〉 시즌 2 '19화 집의 온도'

더 편리하게 사는 것에서 좀 더 환경적으로 사는 것이 화두가 된 요즘 패시브 하우스는 좋은 대안이 되고 있다. 집을 짓는다는 자체가 자연에 반하는 인공적인 행위지만 그럼에도 불구하고 조금이라도 자연에 해를 덜 입히는 방식이기 때문이다. 그러나 아직 대중화되지 않아 일반 주택보다 공사 비용이 높다. 선뜻 결정하기는 쉽지 않지만 장기적으로 볼 때 부분적인 패시브 하우스의 도입은 꾸준히 이루어질 것으로 보인다.

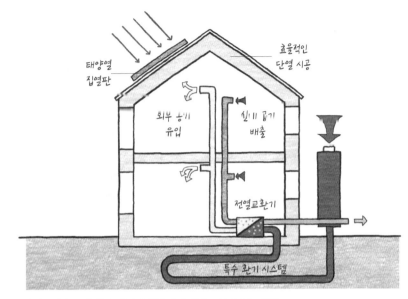

패시브하우스의 원리. 환경과 친화적인 패시브 하우스는 최근
열회수환기장치가 다양하게 출시되는 등 관심이 높아지고 있다.

경남 삼천포에 지은 패시브 하우스는 햇빛을 최대한 많이 받을 수 있도록
남쪽 방향으로 배치했다. 집의 앞쪽에 큰 창을 두었고, 북쪽 창은 작게 내어
열 손실을 최소화했다. 설계 해家패시브건축사사무소.

내장재

사람이 직접 생활하고 몸에 닿는 부분이니 다른 재료보다 신중하게 선택해야 하는 것이 내장재이다. 외투보다 내의의 옷감이 더 부드럽고 편안해야 하듯이 말이다. 내장재는 크게 벽과 마루의 재료로 나눌 수 있다. 벽의 내장재는 기본 골조에 덧댄 석고보드 위에 바르는 최종 마감재를 말한다.

벽

벽의 경우 가장 보편적으로 쓰이는 내장재는 벽지, 페인트, 나무, 흙 등이다. 직접 써보고 시공한 경험으로 제일 좋은 내장재는 한지다. 벽지라는 게 그냥 미관상 발라놓는 것이 아니라 그 자체로 온습도 조절을 하는 기능이 있는데 한지는 화학 공정을 거친 여타 벽지보다 훨씬 자연친화적이다.

몇 년 전 사용하던 사무실은 여름엔 덥고 겨울에는 밤새 물컵에 살얼음이 얼 정도로 추운 곳이었다. 면적이 그리 크지 않았는데 사방이 유리벽인데다 열리지 않는 멍텅구리 창이 다섯 개나 있었다. 고민 끝에 간단하고 나중에 떼어갈 수 있는 휴대 가능한 방법의 단열 공사를 하기로 했다. 먼저 목재상에서 나왕 각재를 사고, 서울 인사동에 들러 창호지를 구입했다. 각재를 창 사이즈에 맞게 재단해 못을 박고 그 위에 창호지를 발랐다. 각목으로 조립한 창살에 흰색 한지를 먼저 붙이고 그 위에 다양한 색깔의 한지를 덧붙여 무늬를 만들었다.

그렇게 만든 나무 창틀을 창문에 세워둔 결과는 상상 이상이었나. 서쪽에서 들어오는 강렬한 빛을 은은하게 바꿔준 것은 물론 단열 벽으로도 훌륭했다. 사용해보니 창호지의 단열 성능은 들은 대로 대단했다. 열을 차단하지만 바람은 잘 통하고, 습도 조절은 물론 냄새를 빨아들이는 역할도 탁월했다. 또 아파트가 서향이라 오후에 드는 빛이 세서 힘들다는 분들에게 커튼 대신 한지로 거실에 폴딩 도어를 만들어 설치한 적도 있는데, 빛도 가려지고 단열과 환기까지 만족도가 무척 높았다.

이처럼 직접 경험한 한지의 온습도 조절 능력은 신비로울 정도지만 어디까지나 취향의 문제이므로 내장재 역시 건축주의 취향에 맞게 선택해야 한다. 그래도 추천을 하자면 한지 다음은 합지벽지다. 합지벽지보다 값이 비싼 실크벽지가 고급 재료로 알려져 있지만 종이로 만든 합지벽지가 건강에는 좀 더 좋다. 환경적이라는 생협의 친환경 벽지도 가격의 벽이 높은 편이다.

페인트의 경우 요즘은 대부분 친환경 페인트를 쓰지만 어쨌든 화학제품이므로 여러 날에 걸쳐 환기가 필요하다. 페인트칠이 간단해 보이지만 그 작업을 위해 석고보드의 면을 고르고 3~4회 이상 칠을 더해야 하기 때문에 인건비와 기간이 더 필요해 비용도 벽지보다 더 비싸다.

벽지나 페인트의 색상은 주로 흰색을 기본으로 하는데, 일부 공간에 좋아하는 색상을 과감하게 선택해보는 것도 좋다. 보통 무난하고 어중간한 색을 선택하는 경우가 많은데, 어정쩡한 색보다 과감한 원색이 집에 생동감을 부여한다.

또 환경적이고 오래가면서 여러모로 좋은 편백(히노키) 등 나무

내장재는 비용이 많이 든다는 단점이 있다. 흙이나 규조토 등 친환경이라고 알려진 재료들에 대해서는 보수적으로 접근하는 편인데, 순수하게 흙만 바를 경우 부스러져 떨어지기 때문에 접착 성능을 강화하는 경우도 있고, 벌레가 생길 가능성도 높아 호불호가 있다.

좋다고 얘기되는 것들이 가격의 부담이 있다 보니 내장재를 고를 때 건축주들의 고민이 길고 깊어진다. 재료 자체도 중요하지만 그에 앞서 기본적인 설계가 단열과 환기에 유리해야 한다. 친환경을 내세운 제품들도 말 그대로 환경에 해가 없는지 검증의 단계를 거칠 필요가 있다.

바닥

바닥의 내장 재료는 마루, 타일, 장판 등이 대표적이다.

마루에는 강화마루, 강마루, 합판마루, 원목마루가 있다. 강마루나 합판마루는 수축 팽창을 고려해 내구성이 좋은 합판 위에 무늬목이나 시트 필름을 붙인 것이다. 실제 나무로 만든 원목마루는 형태가 틀어지기 때문에 그 부분을 감안해서 선택해야 한다. 북유럽에서 직구로 원목마루를 가져왔다가 틀어져서 오래 쓰지 못하고 바닥 공사를 다시 한 건축주도 있었다.

바닥재로 마루를 선택할 때 가구 색과 비슷한 톤으로 하면 실패가 적다. 가구가 별로 없는 집이라면 본래 나무 색과 가장 흡사한 마루가 자연스럽다. 밝은 톤은 넓어 보이는 장점이 있는 반면 오염에 취약하고 어두운 톤은 공간을 넓어 보이게 하진 않지만 무게감과 안정감을 준다. 한때 생선의 뼈 모양인 헤링본 스타일이나 일반 마루보다 폭이 넓은 광폭마루가 유행했는데 지금은 그것도 시들해지고 있다. 마루도 유행을 많이 타는 재료 중 하나이므로 너무 유행을 좇지 말고 개인의 취향에 맞는 것으로 고르면 오래도록 질리지 않게 사용할 수 있다.

타일의 경우 열전도율이 높고 다양한 색상과 무늬가 있어 취향대로 고르기 좋고, 석재 타일도 많다. 타일은 부엌의 싱크대 상부, 다용도실, 현관과 화장실에 주로 사용하는데, 디자인이 다양한 종류의 타일이 많이 나와 거실, 안방 등도 타일로 마감하는 경우가 많아졌다. 타일을 바닥재로 사용하면 관리가 편하다는 장점이 있다. 마루에 비해 내구성이 오래 가는 편이고, 난방을 하면 열이 금방 올라와 따뜻하고 여름에 시원하다. 포인트로 한쪽 벽면을 타일로 마감해 장식 벽처럼 꾸미거나 바닥의 한 면만 타일을 붙여 이국적인 느낌을 주기도 한다. 벽면이나 바닥에 컬러나 질감에 차이를 두는 것만으로 공간에 큰 변화를 줄 수 있다.

한동안 구식 재료라고 생각되던 장판은 최근 들어 다시 주목받고 있다. 예전에 비해 두툼하게 두께가 보강되어 내구성이 강해져 실용적이면서 디자인을 보완해 부담 없이 사용할 수 있다. 어린 아이가 있거나 반려동물을 키우는 사람들에게 좋은 대안이 되고 있다.

가끔 카페나 영업 장소에 자주 하는 에폭시 시공(플라스틱의 일종으로 굳은 콘크리트를 서로 접착시켜 코팅하는 시공법)을 하겠다는 건축주들이 있는데 수축과

사진 ⓒ김용관

바닥을 타일로 마감한 '까사 가이아'의 거실.
내구성이 좋고 난방을 넣었을 때 금세
따뜻해진다는 장점이 있다. 설계 가온건축.

이완을 반복하면 갈라지기 때문에 보일러를 깔아야 하는 가정집 바닥에는 적합하지 않다.

경기도 양평 개군면 화가 모녀의 집은 바닥 마감재가 매우 특별하다. 기성 나무재를 사용하지 않고 가공되지 않은 날것의 합판을 사용해 비용도 절감하고 어디에도 없는 나만의 바닥을 만들었다. 어차피 우리가 알고 있는 원목이 눈으로 보기에 원목일 뿐 속은 합판이니 발상의 전환이라 할 수 있다. 합판을 짜서 가지런히 맞추고 사포질을 하고 예쁘게 칠을 한 마루는 빈티지한 느낌이 근사했다.

그림 정원이라 불리는 그 집은 벽의 마감에서도 독특한 샘플이 될 수 있는데, 작업실로 쓰는 2층 벽은 별도의 마감 없이 노출 콘크리트 상태를 그대로 두었다. 그것도 예쁘게 멋을 낸 게 아니라 거푸집에 채웠던 그대로 그야말로 날것의 느낌으로 마무리했다. 나눠지는 공간 없이 뻥 뚫린 스튜디오 구조라 잘 어울리고 가능한 것도 있지만 덧대거나 치장하지 않아도 충분히 아름다울 수 있다는 좋은 예를 보여줬다. ▄〈건축탐구-집〉

시즌 3 '9화 엄마의 시간이 흐르는 집'

양평의 그림 정원 집에서 보여지듯 내부 마감재 또한 취향이 관건이다. 규격화된 재료에 연연하지 않고 조금만 상상력을 발휘하면 가격이 적당하고 내게 맞는 재료를 찾아낼 수 있다. 우리는 재료를 보수적으로 고르는 편이라 방금 나온 새 제품보다는 어느 정도 검증되기를 기다렸다가 사용하는 편이다.

한 번 결정하면 짧게는 10년에서 길게는 20~30년을 써야 하는데 섣불리 결정할 수 없기 때문이다. 해마다 새로운 유행이 생겨나고 사라진다. 유행에 예민한 재료들은 그만큼 쉽게 질릴 수 있다.

경기도 양평의 화가 모녀의 집. 작업실로 쓰는 2층의 천장과
벽은 별도의 마감 없이 노출 콘크리트 그대로 두었다.

마루에 가공되지 않은 날것의 합판을 사용해 비용도 줄이고
어디에도 없는 특별한 집을 만들었다.
그림 정원 집은 외부 마감재도 무척 독특하다.

마루재의 종류

강화마루 고밀도 합판에 나무 무늬 필름을 입힌 마루로 원목 질감을 잘 나타내고 강도가 강하다. 접착제 없이 끼워 맞춰 시공하기 때문에 편리하고 시공비도 저렴하다.

강마루 합판 목재에 원목 무늬 필름을 씌운 마루이다. 일반 가정에서 가장 많이 쓰며 바닥에 접착하는 방식으로 시공한다. 열전도율이 높아 난방에 유리하고 표면 강도가 높아 충격에 강하다. 물기에 약하다는 것만 빼면 들뜸 없이 유지 관리가 편리하다.

합판마루 합판에 무늬목을 붙여서 만든 마루로 표면이 나무이기 때문에 질감 면에서 가장 원목과 가깝다. 강마루와 같이 바닥을 접착시켜 시공해 열전도율이 높다. 수분과 외부 충격에 약해 관리가 어렵다는 단점이 있다.

원목마루 천연 목재로 만든 마루로 자연스럽고 고급스러운 느낌을 준다. 그러나 수축 팽창 작용이 계속 일어나 뒤틀리거나 들뜨는 현상이 생길 수 있다.

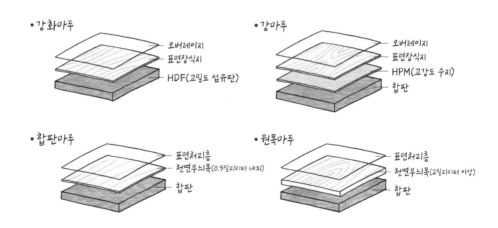

타일의 종류

사기질 타일 우리가 주로 쓰는 단단하고 반짝거리는 텍스처를 가진 타일이다. 자기질 타일은 표면이 거칠거칠한 포세린 타일과 표면처리를 해서 미끄러운 폴리싱 타일로 나뉜다. 포세린 타일은 흙으로 반죽해 고온에 구운 것으로 무광 무채색 계열의 타일이 주를 이룬다. 폴리싱 타일은 빛 반사가 잘되고 청소가 쉽다. 스크래치가 두드러져 보이기 때문에 바닥재로는 추천하지 않는다. 유행하는 북유럽 인테리어에 자주 사용되는 재료로 포세린 타일을 바닥 재료로 쓰면 색다른 분위기를 연출할 수 있다.

도기질 타일 낮은 온도에서 구운 부드러운 텍스처의 타일이다. 세라믹 타일이라고도 하며 접착성이 좋고 수분 흡수율이 높아 바닥보다 벽에 많이 사용된다. 두께가 얇고 무게가 가벼워 자기질 타일보다 강도는 약한 편이다. 색상과 디자인이 다양하다는 장점이 있다.

석재 타일 돌 성분을 혼합해 만든 자기질 타일을 말한다. 항균 효과가 있고 반영구적이며 미끄럽지 않아 욕실, 테라스 등의 바닥 혹은 반려견을 키우는 가정에서 인기를 얻고 있다.

데코 타일 PVC 소재로 내구성과 내열성이 뛰어난 만큼 매우 튼튼하다. 시공비가 저렴하고 여러 연출이 가능해 인기가 있다.

벽은 도기질, 바닥은 자기질 타일을 붙인다.

외장재

"가장 튼튼한 외장재는 무엇입니까?" 수시로 듣는 질문이다. 건축주들에게 외장재는 가장 고민이 많은 재료 중 하나다. 결론부터 말하자면 견고함에는 큰 차이가 없다. 옛날 아기 돼지 삼형제가 늑대에게 잡아먹히지 않기 위해 초가집, 나무집, 벽돌집을 지어 벽돌집만 살아남았지만, 현대의 아기 돼지라면 자신의 취향에 따라 집을 선택해도 된다. 거의 모든 재료의 품질이 일정 수준 이상이기 때문에 외장재는 취향에 따라 고르면 된다. 부드러운 느낌을 좋아하는 사람은 나무를, 단단한 느낌이 좋으면 벽돌을, 모던하고 세련된 취향이라면 콘크리트를 그대로 두기도 한다.

내외장재는 단열과도 연결되는데 철근 콘크리트 건물의 경우 노출 콘크리트가 익숙해지면서 별도의 내외장재 없이 마감을 하는 경우도 있다. 내장재 없이 실내를 노출 콘크리트로 하는 건 개인공간보다 공용공간에 주로 쓰이는 편이지만 외부 노출은 개인 주택에도 흔하게 선택된다. 콘크리트를 그대로 노출하면 무엇보다 관리에 그다지 신경을 쓰지 않아도 된다는 장점이 있다. 스터코나 나무도 인기지만 가장 많이 선택되는 건 역시 벽돌이다. 한동안은 붉은 벽돌에 질린 사람들이 벽돌을 지루한 재료로 생각해 고르는 사람이 줄었다가, 벽돌의 부활이라고 말할 정도로 다시 보편적으로 쓰인다. 아마도 오랜 시간 동안 이어진 익숙하고 견고한 이미지 때문인 것 같다.

만약 내가 제일 좋아하는 외장재를 묻는다면 '시간을 먹는 재료'

라고 말하겠다. 개인적으로 시간이 지날수록 세월의 멋이 나는 재료들이 좋다. 시간과 기억이 함께 담기는 자연스러운 재료. 멋지게 나이 먹는 재료. 벽돌, 나무, 돌 등. 사람처럼 집도 나이를 먹는 모습이 자연스러울 때 아름답다. 금속 패널 같은 재료는 시간을 먹지 않고 때를 타면 더러워지기 때문에 별로 선호하지 않는다. 자신과 가족이 평소 어떤 것을 좋아하는지 취향을 돌아보고, 그다음에는 재료의 물성에 맞는 집을 구현하는 게 중요하다. 벽돌을 쓸 때는 쌓는 속성에 맞춘 집, 나무를 쓸 때는 그 결에 맞춰 지어야 외장재의 특성을 제대로 살릴 수 있기 때문이다.

남한강이 펼쳐 보이는 명당자리에 지은 나무집은 건축가 박진택 소장의 집이다. 그는 새도, 벌도, 비버도 자신의 집을 스스로 짓는데 사람이라고 못할까 하는 마음에 2년에 걸쳐 집을 지었다. 짐이 거의 없어 텅 빈 채 문 없이 창문을 18개 놓아 바람길을 터놓은 실내도 특별하지만 외관도 무척 독특하다. 그의 집은 외장재와 내장재를 전부 삼나무와 편백나무를 사용했다. 따로 멋을 낸 구석 없이 단정하게 나무로 마감한 집은 아직 미완 같기도 하고 수수한 모양이 더 눈에 띈다. 박진택 건축가는 집을 짓기 전부터 바람과 공기와 땅의 기운을 관찰하고 예민하게 살펴 땅에 가장 맞는 집이 무엇일까 고민했고 나무집이라는 결론을 내렸다. 창이 많지만 정남향으로 설계해 겨울이면 해가 깊숙이 들어온다. 나무집은 텅 비었지만 빛과 그림자만으로도 꽉 차게 따뜻한 느낌이었다. 해는 해대로 바람은 바람대로 어느 것 하나 거절하지 않고 받아들이고 내어주며 흘러가는 시간이 보이는 듯했다. 📺〈건축탐구-집〉시즌 2 '1화 내가 찾은 명당'

나무는 썩지만 않는다면 천년도 넘게 간다. 천년 고찰들이 그 증거다. 역시 땅의 환경에 맞고 집에 살 사람들에게 맞는 재료가 가장 좋은 재료이다.

박진택 건축가의 나무집. 나무집은 딩 비었지만
빛과 그림자만으로도 꽉 차게 따뜻한 느낌이었다.
설계 스튜디오 알라.

문 없이 창문을 18개 놓은
집으로 바람길을 터놓은 실내도
특별하지만 외관도 독특하다.
집의 외장재와 내장재를 전부
삼나무와 편백나무를 사용했다.

주요 외장재의 종류

스터코 단독주택의 흰 벽은 거의 스터코를 사용한 벽이다. 입자의 크기가 다양해서 매끈한 느낌부터 거친 질감까지 줄 수 있고 조색이 가능해 다양한 색을 만들 수도 있다. 모던한 느낌을 주고 깔끔하다.

벽돌 예전에는 벽돌이 구조를 세우는 데 사용되었지만, 요즘은 외장재로 사용되기 때문에 무척 가벼워졌다. 가운데 구멍이 있는 건 무게를 줄이기 위해서다. 벽돌은 처음부터 매우 자연스럽고 세월이 지날수록 더 멋스럽고 내구성이 뛰어나다. 벽돌 자체의 가격은 비싸지 않지만 일일이 손으로 쌓고, 하루에 17켜만 쌓도록 제한되어 있기 때문에 시간이 걸리고 인건비가 많이 든다. 외부에 벽체를 하나 더 만드는 것이기 때문에 벽체가 두툼하고 안정적인 느낌을 준다.

파벽돌 원래 의미는 오래된 벽돌 건축물에서 나온 낡은 벽돌이지만 요즘은 낡은 벽돌 질감으로 제작해서 나온다. 돌가루와 모래, 시멘트 등의 재료를 혼합해 여러 형태와 색상으로 낡은 벽돌의 느낌을 살려 제품화했다. 무게가 많이 나가지 않고 시공이 편리해 건축주들에게 인기가 많은 편이다. 특유의 고풍스럽고 멋스러운 느낌으로 외장재로도 쓰이지만 내장재에도 많이 사용된다. 가격은 컬러와 질감 등에 따라 천차만별로 예산에 맞춰 고르는 게 좋다.

세라믹 사이딩(ceramic siding) 모래, 천연펄프, 콘크리트 등을 혼합한 인공 합성 재료를 도자기처럼 구워 만든 것이다. 표면에 세라믹 코팅이 되어 있어 주변 상태 변화로 인한 손상이 적어 자외선에 의한 변색이 없다. 내구성이 높고 오염이 적고 관리가 편리해 깔끔한 걸 좋아하는 사람들에게 인기다. 시공은 비교적 간단하지만 품질이 높은 외장재 중 하나로 자재 자체의 가격이 높은 편이다.

사진 ⓒ김용관

목재와 세라믹 사이딩. 도문알레프. 설계 가온건축.

나무(적삼목, 이페 등) 나무는 원목 그대로 사용되기보다는 사이딩(siding)으로 가공되어 시공하게 편하게 나오는데, 적삼목이 가장 많다. 옹이가 있으면 가격이 저렴하고 없으면 '무절'이라고 해서 깨끗하게 보이는 대신 가격이 비싸다. 내수, 방충 성능을 높이기 위해 시공 후 오일스테인을 바른다.

그 외에 석재(라임스톤, 현무암, 화강석 등) 등이 있고, 저렴한 소재로 비닐이나 시멘트 사이딩 등이 있다.

지붕

어릴 때 살던 동네에 한눈에 반한 집이 있었나. 민흥 집들이 복잡하게 늘어선 주택가에 흰칠한 담과 그 안에 풍성한 숲이 있고 담보다 더 흰칠한 높이의 주황색 스페니쉬 기와를 얹은 집이었다. 그땐 흰 벽에 오렌지색 지붕을 얹은 그 집이 무척 이국적이면서도 좋아 보였던 기억이 있다.

지붕이 집의 이미지를 결정하기 때문에 중요한 요소지만 지붕 재료의 선택지는 다양하지 않다. 지붕은 크게 박공지붕과 옥상이 있는 평지붕으로 나뉜다. 여기서 말하는 지붕의 재료는 건물 본체 위에 따로 올려야 하는 마감재로써의 지붕을 말한다.

평지붕과 박공지붕

평지붕은 재료라기보다 방수의 관점에서 생각해야 한다. 평지붕은 현대에 들어서 콘크리트 재료가 나오면서 설계되기 시작했다. 방수 기술이 좋아지면서 옥상을 사용할 수 있다는 장점이 있어 도시에서 주로 선택하는 지붕 형식이다. 평지붕을 선택했다면 방수가 정말 중요하다. 방수의 핵심은 비를 빨리 흘려보내는 것으로 홈통까지 물길을 만들고 물구멍이 막히지 않도록 수시로 체크해야 한다. 액체방수, 우레탄방수, 방수천을 대고 콘크리트를 붓는 시트방수 등 방수 처리를 꼼꼼하게 해야 한다. 평지붕이 옥상을 쓸 수 있다는 장점이 있지만 산이 많아 낙엽 등이 자주 쓸

려오고 눈비가 잦은 우리나라 기후에서는 박공지붕이 관리 면에서 좀 더 편리하다.

눈비가 잦은 우리나라 기후에서는 박공지붕이 관리 면에서 평지붕보다
좀 더 편리하다. 경북 청도의 하얀 집. 설계 문아키건축사사무소.

주요 지붕재의 종류

징크(zinc) 아연(Zn)을 뜻하는 징크는 아연에 티타늄과 구리를 합금해 만든 마감재이다. 프랑스 도시계획에 따라 파리가 재정비될 때 모든 지붕에 징크를 사용하도록 해 대대적으로 보급되었다. 파리 사진 속 청회색빛 지붕이 징크 지붕이라고 보면 된다. 부식이 없고 반영구적으로 수명이 길며 재활용이 가능하다. 요즘 가장 보편적으로 사용된다.

스페니쉬 기와 점토가 원료로 벽돌을 만들 듯 성형과 건조 냉각의 절차를 거쳐 생산한다. 이국적인 느낌으로 개성 있고 멋스럽지만 비용이 높은 편이다.

아스팔트 쉬글(asphalt shingle) 아스팔트 사이에 유리섬유 혹은 종이 매트를 넣어 만든 재료로 색을 넣은 돌 입자로 표면을 코팅한 마감재이다. 기와 무게의 5분의 1 정도로 가볍고 저렴하면서 튼튼하다는 장점이 있다. 미국 주택의 대부분이 아스팔트 쉬글을 사용할 만큼 품질은 걱정하지 않아도 되고 가격도 적당해 가성비가 높다.

세라믹 사이딩(ceramic siding) 외장재의 세라믹 사이딩과 같은 재료로 지붕까지 통일감 있게 이어 사용한다. 비용은 기와 정도로 높은 편이다.

금속 기와 합금과 도금 강판으로 만든 지붕 마감재이다. 금속 기와 6장이 일반 기와 1장일 정도로 가볍고 온도 변화에 따른 내구성이 뛰어나다. 아스팔트 쉬글의 느낌을 내는데 디자인 적용에 신중해야 한다.

아스팔트 싱글 지붕. 간청재. 설계 가온건축.

징크 지붕. 까사 가이아. 설계 가온건축.

처마와 어닝

처마는 빗물을 빨리 내려보내고 햇빛을 차단해 집 안팎을 보호하는 역할을 한다. 옛 한옥 처마의 길이는 겨울에는 해가 쑥 들어오고 여름에는 해가 집으로 들어오지 않는 태양의 남중고도에 맞춰 계산되었다. 처마는 매우 친환경적인 장치인데 처마가 길게 있는 집은 빗물이 알아서 잘 흐르기 때문에 홈통을 두지 않아도 된다. 옛 가옥의 처마는 50센티미터 정도로 쪽마루에 앉았을 때 비를 맞지 않도록, 기단의 끝이 처마 끝과 딱 떨어져 집에 홈통을 달지 않아도 물이 들이치지 않도록 설계되었다.

처마를 더 길게 두려면 기둥을 세워 받쳐야 하는데, 반외부 공간이 더 늘어나는 셈이다. 야외 활동이 잦고 바깥에서 지내는 걸 좋아하는 가족이라면 그늘이 있는 처마 공간을 다양하게 고려해보면 좋다. 백화점의 시초인 아케이드도 엄밀히 말해 처마 밑이었다. 안과 밖 경계의 공간인 처마는 사람을 모이게 하고 자유롭게 해주는 지혜로운 건축의 기능중 하나다.

요즘은 처마 대신 어닝이라고 불리는 차양을 설치하는 집도 늘었다. 현대의 탈착식 포터블 처마가 어닝이다. 처마는 길이에 한계가 있지만 어닝은 기둥 없이도 좀 더 길고 넓게 설치가 가능하다는 장점이 있다. 어닝을 달 생각이라면 집을 지을 때 미리 자리를 확보해야 한다.

세종시의 패시브 하우스에 달린 어닝.
처마를 달기 위해서는 기둥이 필요한데,
어닝은 기둥 없이 길고 넓게 설치할 수 있다.
설계 건축사사무소 몸.

가구와 조명

가구

건축비에 포함하지 않는 목록 중 대표적인 것이 가구다. 가구라는 것의 특성상 집을 짓는 행위 안에 포함하지 않는 살림살이의 이미지 때문에 건축주들이 미처 생각하지 못하는 경우가 있다. 가구라고 하면 장롱이나 식탁, 소파, 침대 정도를 생각하지만 싱크대도, 주방 수납장도, 공간에 맞게 설계하는 신발장, 욕실장 등 붙박이장도 가구에 속한다. 그러니 가구의 범위를 넓게 잡아 집 짓는 비용을 책정해야 한다. 재료나 브랜드에 따라 가격이 천정부지로 올라가기도 한다. 실제로 어느 외국 브랜드의 싱크대는 1억 원이 넘는다. 자신의 취향과 기호에 따라 선택할 수 있는 만큼 집을 짓기 전 가구에 대해서도 충분히 고민한 후 예산을 짜야 한다. 이처럼 금액 차이가 큰 부분이라 시공사의 견적서에 별도 비용으로 처리된 경우가 많다.

싱크대에 대해 조금 더 얘기하자면 브랜드 제품도 좋지만 중소기업 제품의 품질도 괜찮다. 기성 제품은 부속별 크기가 정해져 있어 규격에 맞춰 나온 브랜드 제품보다 자신의 기호에 맞춰 가구 공방에서 전체 나무로 싱크대를 짜거나 공간의 모양에 맞는 맞춤 가구를 넣는 경우도 많아졌다.

개구쟁이 두 아들이 마음껏 뛰놀 수 있는 집을 원했던 경기도 김포 건축주들 집의 중심은 부엌이었다. 부엌 창이 마당과 통해 아이들의 움직임을 엄마가 확인할 수 있는 구조였는데 그 집의 싱크대가 아주 독특했다. 모서리가 반듯하지 않은 땅 모양을 그대로 살려 집을 짓고 땅 모양을 그대로 본뜬 오각형 아일랜드 식탁을 놓았다. 부엌 공간 자체도 다각형으로 생활에 맞게 동선을 명쾌하게 구성해놓은 모양이 일반적이지 않아 더 돋보였다. 규격화된 브랜드 제품을 놓았다면 만들 수 없는 동선과 구조를 직접 맞춤으로 해결한 것이다. ▬〈건축탐구-집〉 시즌 3 '2화 인생 첫 집'

외벽의 벽돌과 서까래로 쓰인 나무 등 오래된 고재를 구해 지어 고풍스러운 느낌이 가득한 어느 예술가의 집은 부엌 가구도 아주 특별했다. 바깥 풍경이 그대로 보이도록 널찍하고 시원하게 배치한 부엌에 11자로 놓인 싱크대와 아일랜드 식탁의 재료는 콘크리트다. 세월의 흔적이 보이는 오래된 재료와 모던한 콘크리트의 조화가 감각적이기도 하고 그 자체로 튼튼하고 관리가 편리해 아주 좋은 작업대의 역할을 했다. ▬〈건축탐구-집〉 시즌 3 '20화 여름, 집으로의 초대'

싱크대라고 하면 정해진 이미지만 생각하게 되지만 이처럼 다양한 재료와 모양으로 얼마든지 제작이 가능하다. 대리석, 인조대리석, 타일도 좋고 스테인리스에서 나무와 콘크리트까지 작업대로 역할이 가능한 재료라면 자유롭게 선택해도 된다. 고가의 브랜드 제품이 갖는 최고의 장점은 상하부 서랍장이 부드럽게 열리고 닫힌다는 것인데 만약 개방형 디자인을 원한다면 직접 만들어보는 것도 좋다.

결론적으로 가구의 재료를 선택할 때 가장 중요한 점은 선입견을 버리는 것이다. '다들 상하부장을 규격에 맞춰놓으니 그렇게 배치하고 창을 작게 내야지'라고 생각하지 말고 주방에 있는 시간이 즐거워야 하니 상부장 없이 창을 크게 내보는 건 어떨지 상상해보자. 초록의 풍경을 매일 보며 요리하고 설거지한다면 그 시간이 좀 더 행복해지지 않을까?

경기도 김포의 집은 두 집을 이은 3층 주택이다.
부엌에 땅 모양을 그대로 본뜬 오각형 아일랜드 식탁을 놓았고,
공간 자체도 다각형으로 구성해서 독특했다. 설계 리슈건축.

부엌 가구뿐 아니라 다른 공간의 가구들도 마찬가지다. 남들이 정해놓은 것 말고 내가 생각하기에 가장 쾌적한 환경으로 만드는 것이 집의 재료와 인테리어를 선택하는 핵심이다. 뭐든 어떤 것이든 가능하다는 열린 마음으로 마음껏 상상해 원하는 걸 선택하는 것이 중요하다. 비싼 가구보다 좋은 전망 하나가 훨씬 큰 만족을 준다.

조명

집집마다 형광등을 달고 살던 시절이 있었다. 조명의 역할이 불을 환히 밝히는 것으로 그치던 시절의 이야기다. 요즘은 간접조명을 적절히 섞어 계획한다. 1인 가구가 늘어나고 팬데믹을 겪으면서 집이라는 공간에 대한 의미가 많이 달라졌다. 집이 사회생활을 위해 가족들이 거주하는 곳에서 확장돼 모든 것을 해결할 수 있는 변신 가능한 다양한 공간으로써의 가치가 높아진 것이다. 다양한 조명은 공간을 연출하는 데 큰 역할을 한다.

조명은 크게 두 가지 역할로 나눌 수 있다. 안전하게 식별할 수 있게 하는 것과 공간의 분위기를 만드는 것이다. 식별을 위한 것은 주로 외벽등, 계단등, 현관 센서등 등 외부 공간에 쓰이고, 거주하는 실내에는 분위기를 부드럽게 만들어주는 매입등, 스탠드, 벽부등이 있다. 요즘은 기술의 발달로 충전해 사용하는 무선등이 나와 지저분한 전기선 없이 장식처럼 깔끔하게 설치할 수 있어 인테리어 효과를 내는 데도 유용하게 쓰이고 있다.

제일 좋은 빛은 간접 광으로 예를 들면 창호지를 통해 들어오는 햇빛이나 마당의 하얀 마사토에 반사돼 들어오는 부드러운 빛 같은 느낌이다. 간접 광이 어른거리는 공간에 사람이 들어가 있으면 얼굴이 우아하고 고상해 보인다. 직접 쏘이는 빛은 날카롭고 강렬하지만 간접 광은 모든 것을 부드럽게 만들어준다. 이런 원리를 이용해 집 안에서는 빛을 바로 떨어지게 하기보다 벽이나 천장을 반사해오게 한다면 간접 광의 효과를 누릴 수 있다.

또 사람은 어두운 곳에서 밝은 것을 볼 때 안정감을 느끼고 편안해진다. 시골 대청에 앉아 있다고 상상하면 상대적으로 대청은 침침하고 마당은 환하다. 낮잠 자기 딱 좋은 환경인 것이다. 이런 원리를 이용해 공간의 조명을 배치할 수 있다. 침실은 침침하고 아늑하게 배치하고 바깥 공간을 밝게 하는 식이다. 전체 조명을 일괄적으로 하는 것보다 조명의 강약을 생각해 계획하길 권한다. 설계부터 조명을 염두에 둔다면 기대 이상의 경제적이고 멋진 공간이 탄생할 것이다.

부모님이 운영하던 유일목욕탕에 다시 지은 유일주택은 보기 드물게 쾌적한 다가구주택이다. 원룸 입주자들이 사는 동안 행복했으면 하는 바람이 있다는 건축주는 내부뿐 아니라 바깥의 여유 공간까지 공들여 설계했다. 스킵플로어로 설계해 입주자들끼리 부딪힘 없이 생활할 수 있도록 했고, 각 층마다 넓은 테라스와 작은 화단을 마련했다. 지하로 통하는 개방된 공간에 꾸민 정원인 선큰과 작은 목욕탕까지 건축주의 세심함이 돋보이는 유일주택. 이곳은 조명도 남달랐는데 각 원룸에는 자리를 차지하지 않으면서 공간의 분위기를 살려주도록 콘크리트 마감 천장에 홈을 파서 그곳에 조명을 달았고, 야외 통로에는 심플한 나무 기둥을 세워 그 안에 조명을 설치했다. 야외의 기둥 조명은 벽을 반사해 나오는 간접 조명으로 깊이 있는 공간을 만들어주고 있었다. 작은 배려로 편안하게 책도 읽고 풍경을 즐기는 세입자들의 모습이 인상적이었다. 🏠〈건축탐구-집〉

시즌 3 '3화 다가구 사용설명서'

조명도 기성 조명이 아니라 얼마든지 내가 원하는 형태로 맞춤이 가능하다. 강원도 강릉의 지안이네 부엌 조명도 홈을 파서 휘어진 싱크대에 맞게 집어넣은 형태였다. 지안이네는 깨끗한 벽 마감에 조명이 없는 듯 보이지만 숨겨진 조명의 빛이 간접적으로 비추면서 눈부심 없이 편안한 느낌을 주었다. 지안이네 집은 밖에서 보면 아주 독특한 구조다. 전체적인 집의 모양은 말발굽이 연상되는데 대문을 열고 들어가면 한 단 높은 마당이 나오고 회랑이 있는 건물이 나온다. 집 안에는 단차를 두어 계단 아래쪽에 거실 겸 부엌, 위에는 방을 배치했다. 모든 공간이 곡선으로 이어지며 움직이는 듯한 구조로 마치 흐르는 물처럼 고요하면서 우아했다. 부엌이 거실을 대신하는 시인이네는 부엌의 싱크대, 식탁, 창문 모든 것이 다 곡선이다. 이처럼 가구나 조명 모두 단순한 구매 행위라는 고정관념에서 벗어나 건축 행위로 처음부터 설계 과정에 포함시키면 어디에도 없는 근사한 공간이 완성된다. 📺 〈건축탐구-집〉 시즌 2 '21화 나무, 집으로 살다'

인터넷 구입이 편리하긴 하지만 기성 조명을 선택할 때 조명가게를 방문해 직접 보고 밝기 등을 느껴보는 게 좋다. 조도는 집의 콘셉트에 맞고 어울려야 하기 때문에 꼭 눈으로 확인하고 선택할 필요가 있다. 직접 해외로 주문해서 사기도 하는데 사이즈나 설치 방법을 잘 알아보고 구입해야 한다. 시공사와 설치 가능 여부를 미리 확인해서 전기공사를 할 때 설치 위치에 배선을 미리 해두는 게 좋다.

강원도 강릉의 지안이네는 전체가 곡선으로 이루어져 우아한 느낌이다.
부엌 조명은 홈을 파서 휘어진 싱크대에 맞게 집어넣었다.
숨겨진 조명의 빛이 간접적으로 비추면서 눈부심 없이 편안했다.
설계 포머티브건축사사무소.

대문과 담, 차고

대문과 담

집 주변과 입지를 고려했을 때 대문을 다는 게 큰 의미가 없다면 굳이 하지 않아도 된다. 하지만 야생동물의 출현 등 여러 문제로 나중에 설치할 때 집과 어울리지 않은 경우가 발생하니 이왕이면 미리 담과 대문에 대해 고민해봐야 한다. 비교적 주변이 한가해 굳이 해야 하나 싶지만 살다 보면 여러 이유로 필요성을 느껴 새롭게 설치하곤 하는 게 대문과 담, 차고다. 셋 다 견적이 만만치 않기 때문에 미리 예산에 넣어두는 게 좋다. 어떤 디자인을 할지 재료를 어떤 걸로 쓸지에 따라 천차만별이고 생각하지 않았던 부분이기도 하다.

대문을 달려면 기둥이 있어야 하는데 기둥은 기초공사가 필요하다. 대문을 달 때 담을 어떤 것을 선택하는지가 관건이다. 나무를 둘러 울타리를 만들지, 시멘트 블록을 쌓을지, 간편한 철제 망을 두를지에 따라 가격도 달라지고 집의 분위기도 바뀐다.

도시의 경우 요즘은 튼튼한 현관만으로 마무리하는 집이 많다. 도시계획상 담장 설치가 안 되는 동네도 많고, CCTV 등이 많이 설치되어 예전보다는 보안 시스템이 나아졌다. 범죄 전문가는 오히려 개방형의 낮은 담장이 범죄를 예방하는 데 효과가 있다고 말한다. 대문과 담은 보안과 디자인 두 가지를 모두 고려해서 결정해야 하기 때문에 건축가와 충분히 상의해서 집의 분위기를 해치지 않는 선에서 만드는 것을 추천한다.

프라즈나의 집 입구. 필로티 하부에 주차를 하고 바로
대문으로 들어가도록 설계했다. 낮은 디자인 블록 담이 있어
출입할 때의 모습이 적당히 보호된다. 설계 가온건축.

사진 ©김용관

집 안에 차고를 넣은 집, 도문 알레프.
설계 가온건축.

차고

전원주택지에 집을 지을 경우 주차장을 따로 만들기는 부담스럽지만, 차고 지붕 정도는 필요할 때가 많다. 차고는 비를 맞지 않고 집에 진입할 수 있고 자동차 관리가 편리하다는 장점이 있지만 지붕을 씌우면 건축면적에 들어가기 때문에 미리 고려할 필요가 있다. 차고는 차를 수납하는 곳이면서 집과 연결된 동선에도 영향을 준다.

주택의 경우 50제곱미터 이상이면 주차를 1대 이상 할 수 있어야 한다. 토지 면적이 넉넉해 주차 공간을 따로 빼놓을 수 있다면 좋겠지만 도심의 경우 비싼 땅값으로 쉽지 않은 일이다. 때문에 여러 가지 방안을 생각하는데 필로티 공법을 사용해 1층에 주차 공간을 확보하거나 마당의 한쪽을 차고로 만들기도 한다. 차고를 만들면 한정된 건폐율에서 내부 공간이 줄어든다는 단점이 있지만, 설계할 때 부엌이나 주방과 맞닿게 주차장을 만들면 장 봐온 것을 바로 옮길 수 있어 가사 노동의 동선을 줄여주기도 한다.

또 하나의 방법은 지하에 주차박스를 만드는 것이다. 주차박스는 도심뿐 아니라 전원주택에서 차의 보관을 용이하게 하기 위해 만들곤 하는데 공간이 충분한지 꼭 확인해야 한다. 주차장의 높이는 내부 천장고가 2.1미터 이상 되어야 하고, 통로와 차 문을 열고 닫는 공간까지 생각해야 한다. 셔터를 다는 경우 문이 접혀 들어가는 부분까지 계산에 넣어야 해서 생각보다 깊은 공간이 필요하다. 주차박스는 특히 시골 전원에서 사계절 바람에 불어오는 꽃가루, 낙엽, 한겨울의 눈을 피해 차를 깨끗하게 관리할 수 있다는 장점이 있지만 면적과 공사비도 고려해야 한다.

❖ EBS 〈건축탐구-집〉 방송과 건축사사무소 목록

시즌 1

1. **한옥에 살고 싶다** 2019.4.30 원주 한옥과 양옥이 공존하는 집: 가온건축/임형남, 노은주

2. **시간이 머물다** 2019.5.7

3. **개와 고양이를 부탁해** 2019.5.14. 서울 고개집: 삶것건축사사무소/양수인

4. **내 인생의 마지막 집** 2019.5.21. 충북 유소헌: 유타건축/김창균 | 김해 멋진 할아버지 집: ㈜아키텍케이건축사사무소/이기철

5. **자연이 선택한 집, 중국 민가** 2019.5.28.

6. **낯선: 집, 적산가옥에 살다** 2019.6.4

7. **내가 지은 작은 집** 2019.6.11.

8. **아버지의 집_제주 돌의 이야기** 2019.6.18

9. **대한외국인, 그들이 선택한 집** 2019.6.25 광주 담 없는 집: 건축사 최승민

10. **우리 가족, 함께 살 수 있을까?** 2019.7.2 대전 영충재: 아백제건축사사무소/성상우 | 양천구16+: 생활건축 건축사사무소

11. **삶을 덧대다, 노후주택의 변신** 2019.7.9 서산 해미 라스트홈: 지랩 건축사사무소(리모델링) | 성북구 노후주택의 가능성: 강현석 건축가

12. **아파트를 떠난 사람들, 즐거운 나의 집** 2019.7.16 천연동 개량한옥: 구가도시건축/조정구(리모델링) | 창원 재미있는 집: 유타건축/김창균

13. **마당 있는 집** 2019.7.23 양평 결이고운가: 건축주 설계, 시공 브랜드하우징 | 부산 남구 일오집: 한국해양대 건축과 안웅희 교수

시즌 2

20. **강변에 살다** 2020.1.14

21. **나무, 집으로 살다** 2020.1.21 강릉 지안이네: 포머티브건축사사무소/고영성, 이성범 | 경북 상주 세 그루 집: 건축가 김재경

22. **신짜오! 베트남-1부 낯설거나 혹은 익수하거나** 2020.1.28

23. **신짜오! 베트남-2부 오래된 미래** 2020.2.4

24. **인생 3막은 내 나라에서** 2020.2.11 경기도 광주 공중에 뜬 집: 건축가 김원기 | 인천 강화 날개를 편 돌집: 건축사사무소 OBBA/곽상준, 이소정

25. **도시 한옥의 진화** 2020.2.18 서울 은평 낙락헌: 구가도시건축/조정구 | 종로 혜화1117 1930년대 한옥 리모델링: 선한공간연구소/엄현정

시즌 3

1. **22년 동안 지은 집** 2020.3.31

2. **인생 첫 집** 2020.4.7 경기도 김포 아들 둘 키우는 부부의 첫 집: 리슈건축/홍만식 | 경기도 가평 존경과 행복의 집: 가온건축/임형남, 노은주

3. **다가구 사용설명서** 2020.4.14 동대문구 원룸의 변신, 유일주택: 에이그라운드건축사사무소/박창현, 마인드맵 건축사사무소/최하영 | 사족을 설계하다, 연희동주택: 건축공방/박수정, 심희준

4. **100년의 시간이 쌓인 집** 2020.4.21

5. **나 혼자 짓는다** 2020.4.28

6. **부부가 지은 집** 2020.5.5

7. **어느 60대 부부의 세계** 2020.5.12

8. **통일을 꿈꾸는 공간** 2020.5.19 서울 강북구 자연과 사색의 건축, 통일교육원: 광장건축환경연구소/김원 | 경기도 파주 우리가 몰랐던 북한의 집, 통일전망대: 종합건축사사무소토우건축/김영웅

9. **엄마의 시간이 흐르는 집** 2020.5.26 경기도 평택시 향여재: 노바건축사사무소/강승희

10. **인생을 바꾼 소나무** 2020.6.2

우스연구소 김동철(심리건축디자인), 김동희(건축설계)

30. **곱게 나이 드는, 벽돌집** 2020.10.27 아산 단결이네: 유타건축/김창균

31. **땅속 비밀의 집** 2020.11.3 꿈을 이룬 비밀의 공간 세종 고운집: 걸리버하우스/
    방효철

32. **인생 2막, 나의 화양연화** 2020.11.10

33. **산중가옥, 자연에 물들다** 2020.11.17

34. **집, 벽을 없애다** 2020.11.24 부산 수영구 정,은설: 정영한아키텍스

35. **보이지 않는 집** 2020.12.1 지평선 속으로 스며드는 집: 건축가 조병수 Bchopartners
    Architects

36. **맛있는 집, 달콤한 인생** 2020.12.8 춘천 요리가: 카이 건축사사무소/박용훈 | 전
    남 장성 상상이 현실이 된 부엌: 적정건축/윤주연

37. **세상에 하나뿐인 나의 집** 2020.12.15 순천 삼각집: 프로세스건축/정재성

38. **노인을 위한 아파트** 2020.12.22 장성 누리타운/시흥은계 LH7단지-국토부 협찬

39. **내가 지은 농막** 2020.12.29

40. **집, 그것이 궁금하다** 2021.1.5

41. **그림의 집을 찾아서** 2021.1.12 제주 김창열미술관: 홍재승 건축가

42. **그 집으로의 특별한 초대** 2021.1.19 제주 심플 하우스: 문훈건축발전소/문훈 |
    제주 까사 가이아: 가온건축/임형남, 노은주

43. **나의 집은 나의 별** 2021.1.26 파주 시타텔 카페: 에이코랩 건축사사무소/정이삭
    | 서울 써드플레이스 홍은2: 에이라운드 건축/박창현

44. **원하고 바라는 대로** 2021.2.2 울산 중목구조 주택: 울산대학교 김범관 교수 | 세
    종 오보애: 유타건축/김창균

45. **경이로운 지붕** 2021.2.9 제주 원통형의 집: AND건축사사무소/정의엽 | 제주 삼
    각 지붕 집: 포머티브건축사사무소/고영성, 이성범 | 광주 백소헌: 건축사사무소 플
    랜/ 임태형

46. **고성 산불 그 후, 기억의 집** 2021.2.16 심경수 할아버지네 집: NCS lab/홍성용 |
    국가유공자의 집: 건축사사무소 수/이용호

47. **옛집, 공유 별장이 되다** 2021.2.23 제주 11가족의 놀집 고산집: 에이루트건축사

* 방송 목록에 명기된 건축사사무소 목록에서 혹 누락된 건축물 저작권자는 연락을 주시면 반영하겠습니다.

건축탐구 집
나를 닮은 집 짓기

1판 1쇄 발행 2021년 5월 28일
1판 3쇄 발행 2021년 12월 27일

지은이 노은주 · 임형남

펴낸이 김명중
콘텐츠기획센터장 류재호 **북&렉처프로젝트팀장** 유규오
북팀 박혜숙, 여운성, 장효순, 최재진 **북매니저** 전상희 **마케팅** 김효정, 최은영
구성 이재영 **본문 일러스트** 최경식 **책임편집** 서민경 **디자인** 김리영
이미지데이터 정리 박태립 **제작** 공간

펴낸곳 한국교육방송공사(EBS)
출판신고 2001년 1월 8일 제2017-000193호
주소 경기도 고양시 일산동구 한류월드로 281 **대표전화** 1588-1580
홈페이지 www.ebs.co.kr **전자우편** ebs_books@ebs.co.kr

ISBN 978-89-547-5796-6 03540

코로나19 바이러스
"친환경 99.9% 항균잉크 인쇄"
전격 도입

언제 끝날지 모를 코로나19 바이러스
99.9% 항균잉크(V-CLEAN99)를 도입하여 「안심도서」로
독자분들의 건강과 안전을 위해 노력하겠습니다.

(주)시대고시기획

Clean Zone

항균잉크(V-CLEAN99)의 특징

◉ 바이러스, 박테리아, 곰팡이 등에 항균효과가 있는 산화아연을 적용

◉ 산화아연은 한국의 식약처와 미국의 FDA에서 식품첨가물로 인증받아 **강력한 항균력**을 구현하는 소재

◉ 황색포도상구균과 대장균에 대한 테스트를 완료하여 **99.9%의 강력한 항균효과** 확인

◉ 잉크 내 중금속, 잔류성 오염물질 등 **유해 물질 저감**

TEST REPORT

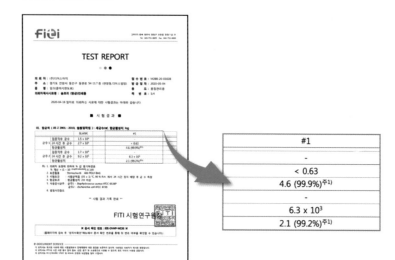

#1
-
< 0.63
4.6 (99.9%)주1)
-
6.3×10^3
2.1 (99.2%)주1)

Clean Zone

SD에듀
㈜시대고시기획